CHINA
ARCHITEC-
TURAL
EDUCATION

2017年 2017（总第17册）

主管单位：中华人民共和国住房和城乡建设部
　　　　　中华人民共和国教育部
主办单位：全国高等学校建筑学学科专业指导委员会
　　　　　全国高等学校建筑学专业教育评估委员会
　　　　　中国建筑学会
　　　　　中国建筑工业出版社
协办单位：清华大学建筑学院　　　　同济大学建筑与城规学院
　　　　　东南大学建筑学院　　　　天津大学建筑学院
　　　　　重庆大学建筑城规学院　　哈尔滨工业大学建筑学院
　　　　　西安建筑科技大学建筑学院　华南理工大学建筑学院

顾　　问：（以姓氏笔画为序）
　　　　　齐　康　关肇邺　李道增　吴良镛　何镜堂　张祖刚　张锦秋
　　　　　郑时龄　钟训正　彭一刚　鲍家声　戴复东
社　　长：沈元勤
主管副社长：欧阳东

主　　编：仲德崑
执行主编：李　东
主编助理：屠苏南

编 辑 部
主　　任：李　东
编　　辑：陈海娇
特邀编辑：（以姓氏笔画为序）
　　　　　王　蔚　王方戟　邓智勇　史永高　冯　江　冯　路　李旭佳
　　　　　张　斌　顾红男　郭红雨　黄　瓴　黄　勇　萧红颜　谭刚毅
　　　　　魏泽松　魏皓严
装帧设计：编辑部
平面设计：边　琨
营销编辑：柳　涛
版式制作：北京嘉泰利德公司制版

编委会主任：仲德崑　朱文一　赵　琦　咸大庆
编委会委员：（以姓氏笔画为序）
　　　　　丁沃沃　马树新　马清运　王　竹　王伯伟　王建国　王洪礼
　　　　　毛　刚　孔宇航　吕　舟　吕品晶　朱　玲　朱小地　朱文一
　　　　　仲德崑　刘加平　刘　甦　刘克成　庄惟敏　刘　塨　关瑞明
　　　　　孙一民　孙　澄　杜春兰　李子萍　李兴钢　李　早　李岳岩
　　　　　李保峰　李振宇　李晓峰　时　匡　吴长福　吴庆洲　吴志强
　　　　　吴英凡　沈　迪　沈中伟　张　顾　张玉坤　张成龙　张兴国
　　　　　张　利　张　彤　张伶伶　张珊珊　陈　薇　陈伯超　邵韦平
　　　　　范　悦　周　畅　周若祁　单　军　孟建民　赵　辰　赵万民
　　　　　赵红红　饶小军　秦佑国　桂学文　夏铸九　顾大庆　徐　雷
　　　　　徐行川　徐洪澎　凌世德　唐玉恩　黄　耘　黄　薇　曹亮功
　　　　　龚　恺　常　青　常志刚　崔　恺　梅洪元　梁　雪　梁应添
　　　　　韩冬青　覃　力　曾　坚　潘国泰　魏宏杨　魏春雨
海外编委：张永和　赖德霖（美）黄绯斐（德）王才强（新）何晓昕（英）

编　　辑：《中国建筑教育》编辑部
地　　址：北京海淀区三里河路9号　中国建筑工业出版社　邮编：100037
电　　话：010-58337043　010-58337110
投稿邮箱：2822667140@qq.com
出　　版：中国建筑工业出版社
发　　行：中国建筑工业出版社
法律顾问：唐　玮

CHINA ARCHITECTURAL EDUCATION
Consultants:
Qi Kang　Guan Zhaoye　Li Daozeng　Wu Liangyong　He Jingtang
Zhang Zugang　Zhang Jinqiu　Zheng Shiling　Zhong Xunzheng
Peng Yigang　Bao Jiasheng　Dai Fudong
President:　　　　　　　　　　**Director:**
Shen Yuanqin　　　　　　　　　　Zhong Dekun・Zhu Wenyi・Zhao Qi・Xian Daqing
Editor-in-Chief:　　　　　　　**Editoral Staff:**
Zhong Dekun　　　　　　　　　　Chen Haijiao
Deputy Editor-in-Chief:　　　　**Sponsor:**
Li Dong　　　　　　　　　　　　China Architecture & Building Press

图书在版编目（CIP）数据
中国建筑教育.2017.总第17册/《中国建筑教育》编辑部编著.—北京：中国建筑工业出版社,2017.9
ISBN 978-7-112-21094-7
Ⅰ.①中… Ⅱ.①中… Ⅲ.①建筑学-教育研究-中国 Ⅳ.①TU-4
中国版本图书馆CIP数据核字（2017）第196334号

开本：880×1230毫米 1/16 印张：6¾
2017年5月第一版 2017年5月第一次印刷
定价：25.00元
ISBN 978-7-112-21094-7
（30745）

中国建筑工业出版社出版、发行（北京海淀三里河路9号）
各地新华书店、建筑书店经销
北京中科印刷有限公司印刷
本社网址：http：//www.cabp.com.cn 中国建筑书店 http：//www.china-building.com.cn
本社淘宝天猫商城：http：//zgjzgycbs.tmall.com 博库书城：http：//www.bookuu.com
请关注《中国建筑教育》新浪官方微博：@ 中国建筑教育_编辑部
请关注微信公众号：《中国建筑教育》

U0195016

目 录

主编寄语

苏州大学金螳螂建筑学院成立于 2005 年，秉承"江南古典园林意蕴、苏州香山匠人精神"，肩负延续中国现代建筑教育发端的历史使命。苏州大学与苏州金螳螂建筑装饰股份有限公司合作共建的新型办学模式（公办性质不变），已成为我国现代高等教育校企合作培养设计类人才的典范。

十年来，栉风沐雨，砥砺前行。学院师生齐心协力，围绕"匠心筑品"的院训宗旨，持续深化改革，取得丰硕成果。

这十年：

学院在发展。办学定位从原先有农有管有工学科混杂，转型为以工科为基础，以建筑类为主导，以设计为特色，各专业协调发展；通过差异化的发展道路和"产、学、研"齐头并进的发展模式，发展成为国际化、职业化的高水平设计学院。

学人在进取。坚持"静净于心，敬精于业"的教风，师资队伍稳中发展，结构日趋合理，现有 80 多名教职工队伍中，专任教师中具有博士学位或博士学位在读的教师占 70%；有国外工作、学习经历的教师占 50%；有各类专业资质的教师占 30%；有高级职称的教师占 45%。

学科在拓展。学科建设从无到有，平台日趋完善。目前，学院具有 1 个二级学科博士点（建筑与城市环境设计及其理论）、2 个一级学科硕士点（建筑学、风景园林学）、1 个二级学科硕士点（城乡规划与环境设计）、1 个专业学位硕士点（风景园林），1 个企业博士后工作站和 5 个省级企业研究生工作站等。同时，共建联合国教科文组织亚太地区建筑文化遗产研究中心、教育部中国特色城镇化研究中心、以及《中国名城》学术期刊等 9 个学术研究平台。

学术在繁荣。科学研究成效进步突出，学院的科研业绩稳步提升，重点科研项目屡有突破。近五年获得国家自然科学基金项目十余项，省部级基金项目三十余项。

学生在成长。学院现设有建筑学（含室内设计特色方向）、城乡规划、风景园林（含植物应用特色方向）和历史建筑保护工程特色专业。目前在校本科生 650 余名，研究生 120 余名。学院坚持"业精于勤，善建于行"的学风建设，教学改革不断深化，人才培养质量显著提高，得到企业关注和社会认可。

学用在引领。我院作为苏州大学第一个校企合作共建的公办学院，在实践中探索校企合作办学的新模式，拓展人才培养的新平台，成为行业关注的典型模式。学院基于校企合作申报的教学成果荣获校教学成果一等奖。

在本册《中国建筑教育》专栏中所展示的是我院教学改革探索的部分成果，分别从校企合作办学模式、国际联合教学工作坊、建筑造型基础课程、泥塑假山模型课程和开放讲堂课程几方面展示改革的成效。

十年树木，百年树人。苏大建筑学院是在新时期发展成长的年轻学院。"年轻"，一切皆有可能，我们缺的是历史，但我们有的是机会……

吴永发　雷诚

基于校企合作平台的建筑类专业设计人才协同培养模式探索与实践

吴永发 雷诚

Exploration and Practice of Cooperative Training Mode of Architectural Design Professionals Based on School-Enterprise Cooperation Platform

■摘要：基于现实发展背景和建筑教育现状问题的思考，从 2007 年开始，苏州大学致力探索校企合作路径和人才协同培养模式，携手上市公司，针对设计人才培养与行业需求脱节的问题，通过校企共建平台，创建了建筑学、城乡规划、风景园林建筑类专业设计人才协同培养模式。其核心是"一个平台、三大体系"，从管理协同、教研协同、运营协同三个层面共建校企合作平台，创新人才协同培养模式，在"职业化导向的交叉培养体系、专门化训练的实践教学体系、开放式课堂的拓展提升体系"三方面进行了深入探索，在"办学模式、培养体系和教学模式"三方面取得突破创新。实践证明，该模式是一条极具可推广性的建筑类专业办学新路径。

■关键词：校企合作 建筑类专业 协同培养模式 苏州大学

Abstract：Based on the thinking of realistic development background and current architectural education situation，from the beginning of 2007，Soochow University is committed to explore the school—enterprise cooperation path and cooperative training mode．Associating with listed company，aiming to the unmatched problem of design—talent training and the demand of the industry，through school—enterprise cooperation platform，Soochow University has created design—talent cooperative training mode about architecture，urban planning and landscape architecture．Its core is "one platform，three systems"，building a cooperation platform from three aspects of management synergy，teaching and research synergy and operating synergy．If the school wants to innovate cooperative training mode，it should conduct in—depth exploration from three aspects：cross training system based on professionalism，specialized training of practical teaching system，open classroom development to enhance system．Breakthroughs and innovations have made in three aspects：school running mode，training system and teaching mode．Practice has proved that this mode is a new path of architectural specialty education which can be popularized．

Key words：School—Enterprise Cooperation；Architectural Specialty；Cooperative Training Mode；Soochow University

1. 成果研究问题的来源与背景

建筑学、城乡规划、风景园林三个专业归属"建筑类"专业。从专业内涵上来看，具有融科学性与艺术性于一体、技术性与实践性很强的特点，这决定了社会实践对建筑类设计人才培养的意义重大；从当前教育模式来看，我国高校建筑类专业的传统教育模式是以教师讲授为主体的理论灌输和假题真做式结合，学生更多的是被动地接受知识，受到多种因素制约，能力培养方面还有缺陷，具体表现为：①学生的职业素养不全面，传统方式只重课堂教学，培养模式单一，与实际职业素质的要求不吻合；②学生的实践动手能力不足，专业能力与实践工作需求相脱节；③学生的创新思维能力较弱，无法应对国际化设计市场对设计创新能力提出的高要求（图1）。

基于此，苏州大学金螳螂建筑学院自2007年以来，携手上市公司，探索校企合作机制和人才协同培养的新模式。探索校企合作协同育人模式切合了教育部深化教育改革意见所提出的"深化教育办学体制、改革人才培养模式、深化管理和保障体制"的改革导向，对于提高设计类专业教学质量、实施创新培育有着非常重要的意义。通过校企共建实战环境，能全面提升学生的职业素养，促使学生同步参与实践教学，强化理论基础培养的同时具备较强工程实践能力，上手快，最终能很快进入工作情境；通过整合资源，开放教学，拓宽视野，能够提升学生发现问题并提出创新设计方案的能力。多年实践证明，该模式有效地解决了上述问题。

2. 成果研究与实践的过程

"校企协同创新"是指创新资源和要素有效汇聚，通过突破创新主体间的壁垒，充分释放校企间"人才、资本、信息、技术"等创新要素活力而实现深度合作。从当前校企合作的方式来看，目前国内有"交替模式、共生模式和互动模式"等多种校企合作类型，其中，"交替模式"是将理论与实践相结合，交替进行，在协同过程中实现理论与实践的结合，校内与校外的结合；"共生模式"从高校、企业和政府之间的交互关系出发，以市场需求为纽带，围绕技术创新与产业化，以协同创新平台为共生界面，形成一个相互影响、相互进化、相互协作的共生体系；"互动模式"通过战略协同层面、知识协同层面、组织协同层面的要素协同来实现不同创新主体之间的协同创新。国内校企合作协同创新起步较晚，理论探讨多而落实到实践中目前尚有困难。

因此，本成果的研究基于校企合作经验和模式的总结，从"认识—实践—再认识"的哲学规律，从尊重校企双赢价值理念出发，从建筑类专业人才社会实际需求入手，在调查分析的基础上，开展了深入持续的校企合作协同育人研究，研究过程中有几个重要时间节点：

2005年起，开办园林、城乡规划等建筑类专业，思考如何培养"面向实践一线"的设计应用型人才。

2007年起，联合企业共同介入人才培养探索与实践，企业捐资带动办学，开展订单式人才培养；共享校企优势资源，通过共建实验室、技术中心等措施，提升办学设施条件。

2010年起，调整思路强化校企合作的深度协同机制，在人才培养和科研合作等多方面建立起双向互动、耦合式校企联动机制，深化协同培养模式探索，取得较好改革成效。

2014年，成果获苏州大学教学成果一等奖，成果经验在本校及兄弟院校进行了推广宣传与应用。

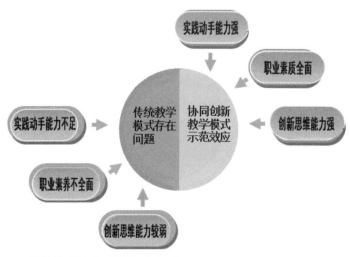

图1 传统教学模式与协同培养模式创新比较

3.成果建设的方法与创新意义

苏州大学携手建筑装饰龙头企业——苏州金螳螂建筑装饰股份有限公司(连续14年成为中国建筑装饰百强企业第一名,中国装饰行业首家上市公司),通过校企共建平台,创建了建筑类专业设计人才协同培养模式,其核心是"一个平台、三大体系"(图2)。

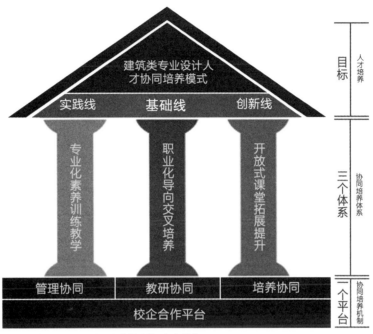

图2 校企合作平台下协同培养模式体系框架结构图

3.1 成果解决教学问题的方法

(1)一个平台——基于双赢共建校企合作平台,健全人才协同培养机制

开展深度协同创新,健全三大协同培养机制,保障校企双赢。

①管理协同:校企共组核心管理层。企业先后派出3名高层管理人员参与学院日常管理(任副院长),建立沟通反馈协调机制,从招生、培养、就业全过程实现校企办学管理合一。②教研协同:校企共建科研教学平台。优势互补共建省级教学示范中心、工程技术中心、博士后工作站等教研设施,拓展校企深度合作。企业在资金投入的基础上,提出企业人才需求,系统参与学生培养的过程,高度互动全面拓展协同育人的深度和广度。③运营协同:校企共控人才培养过程。企业资金投入与行业需求结合,共建双师型教师团队,企业有效介入教学过程,培养符合社会需求的高素质人才。

(2)三大体系

① 构建职业化导向的交叉培养体系,强化职业素质能力

以企业为基础,导入行业支撑,内外交叉形成了行业协会支持、校际教学联盟的职业化培养体系。企业全程参与校内培养,联合制订专业培养方案和培养目标,在专业主干课中引入企业真实设计项目,建立"课堂、市场、企业"三位一体的"情境教学模式";基于行业协会支持建设校际教学联盟,开展国际、校际联合设计教学,跨校协同创新。通过内外结合实地、实操训练,促使学生深入调研、主动思考,在现实条件中领悟提升学生执业能力。以"四校四导师"为例,是基于教育部教学改革课题:"四校四导师环境艺术本科生毕业设计实验教学"的基础上进行的,截至2016年,"四校四导师"参与学生共160余人次,学校教师15人次,学校教学管理10余人次,企业实践设计师60余人次,企业投入资金200余万元。在"四校四导师"教学实践中,共出版教学成果专著8部,学生获奖20余人次,教师发表相关成果5人次。这种教学促进了学校之间的交流,有效提升了学生的专业能力和素养。

② 构建专门化训练的实践教学体系,强化工程实践能力

创设连续互动、层级递进的五年制实践训练体系,强化团队建设和教学过程控制。按照1~2年级、3~4年级、5年级分阶段构建了"2+2+1"实践训练体系,搭建校企联合、多层次工程实践教育平台,强化企业完成的课程建设、带薪实习、毕业设计培养环节:第一,学校和企业联合制订专业培养方案,共同

制订培养目标，共同建设课程体系和实践教学内容；第二，学校和企业联合进行学生的考核和评价，共同制订企业学习阶段的培养标准和考核要求，共同对学生在企业学习阶段的培养质量进行评价；第三，学校和企业建立联合信息发布平台，定期公布开设的课程、实习岗位、联合指导教师、就业信息等相关信息。同时，针对性制定了系列规章制度，对企业学习阶段培养模式、学籍管理、课程考核、成绩登录、毕业设计管理等方面进行了详细规范，从制度上确保企业培养方案的顺利实施。

实施"外引内培"战略，打造由企业导师和院内专业教师联合、高水平"教师＋工程师"双师型教学团队；企业严控实践教学过程，健全了"校内与校外结合，过程与结果相结合"的教学质量监控机制，共同指导、共同考核。通过多种方式实施教学质量评价监控：一是鼓励教师以实施能力为导向的教学、考核方式，允许少部分学生以项目为主的课程学习，以项目报告代替考试，允许一个班采取不同的考核方式等，探索科学合理的考核评价机制；二是开展教学检查，每学年共进行三次实践教学检查，并多次组织学院导师到金螳螂公司与企业导师沟通商谈；三是构建畅通的学生联络网，定期举行学生实习反馈座谈会，进一步了解学生实时动态，解决学生实践教学中的困难。

③ 构建开放式课堂的拓展提升体系，强化创新思维能力

开放课堂与第一课堂形成有机结合和有效补充，拓展学生国际视野和思维。打造"学分制"开放讲堂，紧扣人才培养方案和课程大纲，制订与建筑类课程计划紧密关联的系列高水平讲座方案，有一套完整的管理制度与考核制度，讲座主题覆盖建筑学、室内设计、城乡规划、风景园林所有专业及方向。以校企合作、学分制、后期资源有效利用为创新点，确保第二课堂与第一课堂形成有机结合和有效补充，两轮驱动，提高建筑类卓越人才的培养质量。学生的积极性大大增高，对第二课堂的认识有了新的改观；在企业支持下，学生成建制规模化去境外研修，开展境外现场教学与课程设计，与世界名校共建课程，将大学生课外创新实践活动与创新素质培养相结合。

3.2 成果创新之处

（1）立足企业、面向行业，创新建构校企协同育人的办学新模式

从企业到行业，校内到校外，解决了校企合作的动力源问题和机制问题，使企业和高校成为人才培养的联合主体，转变了长期以来高校作为人才培养唯一主体的现状。通过校企共建"管理协同、教研协同、培养协同"的深度协同平台获

得了校企双赢。学校通过企业资金投入、参与培养，快速提升了软硬件建设的质量，赢得了新培养思维，切实提高了人才培养的质量；企业通过参与办学和人才培养获得更好的人才，并提高了社会公信度和社会声誉；学生通过联合培养机制增强了就业竞争力。实践证明，这是一条极具可推广性的校企合作办学新路径。

（2）纵向贯通、横向扩展，创建"一轴两线"建筑类专业人才培养体系

由企业导入行业需求，内外联合更新人才培养体系，不断强化设计师基本素质训练这一（中）轴；优化课群建设，调整教学安排，提高实践训练和创新培养的比重，使"实践"与"创新"两线教学内容在人才培养诸环节实现交互配置、融合互补。"产学研"深入融合，贯穿人才培养主线，职业化、专门化、提升训练，进阶式强化学生的综合实践能力和设计创新能力。校企合作将行业前沿视野、工程科研项目引入教学环节，设计为教学载体，创建实践工程自觉意识和技术创新主动精神同步提高的创新型人才培养体系。

（3）整合资源、产教融合，革新"实题、实地、实操"的教学模式

基于校企合作平台，创造性地将真实的科研和工程项目以多途径、多形式引入课堂，将真题转化为"理论＋实践"系列课程。实现软硬件资源整合共享，联合共建省级实践教学中心、工程技术中心、校内外实践平台、实验室、博士后工作站等，实施企业导师和校内教师的"联合导师组负责制"，推进"情境教学"。通过课程共建实现的跨专业教学、模块化实践课、多校联合毕业设计、学生海外工地实习等多种方式，有效地连接了科研、教学和工程实践，构建了强化工程实践和应用创新能力培养的新机制。

4. 成果的应用、推广效果

（1）设计专业人才培养质量显著提升

通过校企合作、协同培养模式的改革实施，设计人才培养质量显著提升，就业率名列学校前茅，得到用人单位的充分肯定。学生在学习、实践、理论方面有长足的进步，在学科竞赛、企业评价等方面有了新的面貌。学生获得多层次的实践，提高了动手能力、创新能力和职业能力，教学效果好，本科教学质量工程成效突出。2007年以来，我院先后参与国家级教学实验"四校四导师教学综合实验改革"、中加联合设计工作坊、城乡规划专业四校联合设计等较有影响力的协同育人实验教学环节，建设了"建筑与城市环境设计"省级实践教育中心。学生先后获得国内外设计竞赛奖项近百余次。

2014年5月9日，《新华日报》报道了苏州

大学学生作品〝木之律动〞，在〝2014世界木材日暨首届国际木文化节〞上获得最高奖项——〝优秀创新设计奖〞。

2014年10月8日，中央电视台新闻频道〝我的假期不一样〞专题报道了我院大学生园林志愿者的社会实践活动（图3）。

（2）人才培养平台和教师队伍建设效果明显

借助校企合作优势，积极整合办学资源，提升学科建设水平，逐步建设成博士后工作站、二级学科博士点和一级学科硕士点健全的学科体系。研究生招生规模逐年扩大，学科层次快速完善。

通过平台建设，引进知名企业职业设计师参与课程教学，学院聘请了24位企业有经验的设计师参与课程教学。采取了教师定期深入企业挂职（顶岗）实践制度，实时派遣学校教师进入企业参与工程实践，共有35人次中青年教师到企业参加锻炼，4名教师进入企业博士后流动站研修，进一步提高教师理论与实践的教学能力，极大地提升了学院教师教学水平。近年我院教师先后获得〝全国微课竞赛一等奖〞〝江苏省双创人才〞〝中国优秀青年设计师〞〝杰出中青年室内建筑师〞等系列荣誉称号。

（3）全面提升了人才培养的教学环境

通过校企合作累计投入3000多万，共建了高标准的实验设施，包括省级实践教育中心、学术交流中心、模型试验室、构造实验室、古建技艺展示实验室等十余个国内一流的实验室，共建特色城镇化研究中心、江苏省建筑绿色装饰装修工程技术研究中心、联合国教科文组织亚太地区遗产培训与研究中心等科研机构。依托校企平台积极推动校内外实践基地建设，与全国著名设计企业共建博士后工作站、多个研究生工作站，搭建了3个校内实践基地和10余个校外实践基地，形成了校内外优势资源联合的特色实践场所，全面促进了教学环境的优化提升。

（4）成果得到了住建部和建筑学界专家的广泛积极评价

校企合作独创性教学改革得到了建筑界相关专家的广泛称誉，中央电视台、《光明日报》、《新华日报》等都有报道。两院院士、著名建筑学与城市规划专家吴良镛给予重要指导并为学院题写院名。全国高等学校建筑学学科专业指导委员会原主任仲德崑教授作为学院顾问，长期关心学院的发展。该成果也得到了全国建筑学专业指导委员会和专业评估委员会的高度肯定。2011和2014年，住建部领导先后莅临指导，肯定成果为〝中国校企合作培养建筑类设计人才的典范〞。2014年，学院主办了〝中国名园南北对话——中国园林文化传承与发展〞学术论坛，在学术论坛上，专家教授都肯定分享了我院园林专业的办学特色和新的教学理念。

（5）办学模式的创新在社会和企业界引起广泛关注

在协同育人的实践过程中，不仅使建筑类学生广泛受益，企业也获得良好的社会反响与口碑。全国高等院校以及相关企业也关注着苏州大学金螳螂建筑学院的合作发展。2007年，《证券时报》以〝金螳螂与苏州大学合作办学〞进行报道，重点关注的是合作特点以及培养人才的方法；《搜狐财经》《中华建筑报》《设计咨询》等各大报纸及网站均给予关注，苏州大学的协同育人模式为国内同类行业开创了先例。由于企业的影响与合作，2014年12月，王琼教授在2014年台湾地区设计年会中做了〝设计管理与合作模式〞的报告，重点介绍了企业合作管理、人才培养等，是在本次年会中的唯一报告。2012年，《光明日报》以〝〝入职〞教育结奇葩〞

图3　中央电视台新闻频道报道我院大学生园林志愿者活动

对我院校企合作模式进行报道。

(6) 为我校和国内其他院校提供了改革参照的示范

由于苏州大学金螳螂建筑学院协同创新产生的影响，从 2007 年合作至今，不但在国内产生了良好的声誉，其办学模式在苏州大学校内得到广泛推广，先后建立东吴商学院（东吴证券公司与财经学院合作办学）、凤凰传媒学院（香港凤凰电视台与传媒学院合作）、沙钢钢铁学院（沙钢集团合作）等系列新型学院。而且吸引了国外相关院校积极合作与相关的协同创新探索，截至 2014 年末，共接待国外院校来访 40 余次，包括同济大学在内的国内 40 多所高校来考察学习，共同表示苏州大学的经验在全国来讲具有积极的示范效应；我院并与意大利多莫斯设计学院、美国罗德岛设计学院、美国南加州建筑学院、美国华盛顿州立大学、英国卡迪夫大学、英国普利茅斯大学、澳大利亚蒙纳士大学、加拿大瑞尔森大学、美国波士顿建筑学院以及香港城市大学、香港大学、台湾地区的东海大学等知名院校达成长期合作交流，这些成果既是发展的动力，也是校企协同创新合作成果的影响与延伸。

作者：吴永发，苏州大学建筑学院院长，博士，教授，博士生导师；雷诚，苏州大学建筑学院副院长，博士，副教授，硕士生导师

跨界·融合·交流

——苏州大学中加联合设计工作坊教学实践与探索

张靓　吴永发　廖再毅

Transboundary·Integration·Communication: Sino-Canada Joint Design Studio Teaching Practice and Exploration of Soochow University

■摘要：随着职业化、国际化、创新型设计类人才的培养目标的提出，苏州大学建筑学院中加联合设计工作坊教学历经四年的实践和不断探索逐渐形成成熟的模式，可以归纳为以跨界为主导的教学组织方式、以文化融合为重点的教学内容，以及以实现师生广泛交流为目标的教学过程三个方面，未来将朝向更加开放、多元的方向发展。

■关键词：跨界　融合　交流　联合设计　教学

Abstract：Under the target of training professional, international and innovative students of design specialty, the Sino—Canada joint design studio teaching in Architecture School of Soochow University has gradually formed a mature mode after four years of practice and exploration, including transboundary oriented teaching organization, the teaching content focusing on cultural integration and the teaching process for promoting the communication between teachers and students. In the future, it will develop towards a more open and diverse direction.

Key words：Transboundary；Integration；Communication；Joint design studio；Teaching

　　随着职业化、国际化、创新型设计类人才的培养目标的提出，校际间的联合教学已成为设计类专业一种重要的教学手段并逐渐融入教学体系，尤其是跨国家的联合教学已然成为重要的合作项目。苏州大学建筑学院与加拿大怀雅逊大学建筑科学系有多年的合作关系，中加联合设计工作坊是建筑学院建筑设计类人才"1+3"培养模式中"校校合作"的重要组成部分。该项目自2013年开始，经过四年的实践和不断探索，如今已成为学院重要的教学内容，教学模式不断成熟（表1）。具体可以归纳为以跨界为主导的教学组织方式、以文化融合为重点的教学内容、以及以实现师生广泛交流为目标的教学过程三个方面。

年度	时间	联合设计题目	授课对象	加方学生人数	中方学生人数	中加指导教师人数
2013	3 周	苏州古典园林解读与再现	本科生	17	18	9
2014	3 周	合肥义兴灌电站改造设计	本科生／研究生	15	26	7
2015	3 周	高层建筑中木结构的应用设计	本科生／研究生	13	22	13
2016	3 周	徽州渔亭书院设计	本科生／研究生	18	40	11

2013 ～ 2016 年度中加联合设计工作坊教学内容　　　　　　　　　　　表1

一、跨界

中加联合设计工作坊是由中国和加拿大师生共同参与的联合设计教学，每年春季学期末，来自加拿大怀雅逊大学与苏州大学的师生齐聚苏州，共同指导或参加为期三周的联合设计工作坊。经过几年的沉淀和积累，该教学环节逐渐固定化，成为中加学生的专业必修课之一。

联合设计的目的是加强中外学校间的建筑学科领域的学术交流，增进学术理论研究和实践经验分享，推动各校建筑学科的学科建设与教学辅助，通过跨专业、跨年级、跨领域的组织方式，加强与外界的多方交流，以拓展学生的思考方式和思维层面，打破课程体系的封闭性，是一种"多学校、多语言、多地域、多思维、多文化"的联合教学模式的尝试。

（一）跨专业：多专业协同的工作方式

中加联合设计工作坊初期主要针对建筑学专业的学生，近两年涉及的专业从建筑学延伸到城乡规划、风景园林、室内设计等相关专业，题目的设定也相应变得更加综合、多元。2013年的"苏州古典园林解读与再现"和2014年的"合肥义兴灌电站改造设计"还相对局限于建筑学视野的设计方法的探讨，2015年的"高层建筑中的木结构应用设计"和2016年的"徽州渔亭书院设计"则跳出建筑设计的框框，将景观设计、结构研究、生态技术策略和室内设计都囊括在内，以培养学生从跨专业的角度出发思考城市问题，锻炼各专业学生相互配合运用综合的方法解决复杂问题的能力。

（二）跨年级：纵贯各年级的培养方案

联合设计的授课对象从本科生逐渐扩展到本科、研究生混合编组。参加联合设计的加拿大学生是建筑学专业大四的学生；中方学生以学院各专业的研究生为主，还有少量高年级本科生参加。由于人数有限，参加联合设计的本科生大多根据设计成绩选拔而来。这种编组方式打通了纵向的年级划分，使不同年级和不同阶段的学生都能在联合设计中找到清晰的定位并发挥各自专业特长，尤其对于资历较浅的本科生而言，更是一次全面提升专业能力的难得机会。通过联合设计，在建筑学专业教学中丰富和完善了教学体系，形成了从本科生到研究生的全方位的教学合作。

（三）跨领域：多领域交叉的师资组合

联合设计由一名加拿大教授主持，由多名中方教师共同参与指导，其中以中青年专业课教师为主；此外还聘请了设计院资深设计师和外教作为有力的补充，形成跨领域的指导教师队伍。这种师资组合方式与学院的发展目标相契合。苏州大学建筑学院经过不断的教学改革，逐渐形成了较为成熟的以校企合作为核心，产、学、研三位一体的培养模式。落实到教学组织方式上，即以学院教师为主体，以设计院资深设计师、外教和客座教授为补充，吸引各领域导师走进课堂，为学生们带来全方位的知识和训练。中加联合设计工作坊的题目都是真实的设计项目或研究课题，这种跨领域的合作能够拓宽学生的眼界和知识面，以及广泛交流设计实践的最新理念和方法，激发师生的创造力。

二、融合

联合设计教学内容的安排重点突出中加文化的融合，旨在创造一个汲取和传播两国文化、项目引导及设计方法研究的平台，让学生以文化融合的思维诠释设计任务和场地特征，从对文脉的介入逐步引导形成最终的设计方案。双方教师轮流组题，题目均采用真实的设计或研究类项目，尽量选择文化或技术层面延展度较高的题目，能够给中加师生的脑洞大开留有较大的发挥空间，从而实现通过多元文化的碰撞和融合来探索解决城市问题的新理念和新方法的目标。

（一）理念的融合：传统地域文化的再创造

2016年的题目"徽州渔亭书院设计"为中方所出。基地位于安徽省渔亭镇，紧邻西递村至黄山市之间的省道，景观资源良好，西、南两侧邻水，南侧与齐云山脉隔水相望，环境优美。任务书对传统的徽州书院文化进行了当代转译，将传统的学习空间转变成集研究、学习、交流、展示、休闲等功能于一体的复合空间，诠释了现代"书院"建筑的内涵。要求学生充分研究徽派建筑的特征和空间精神，用现代的方式传达传统的建筑意境，探讨传统地域文化在当代建筑中的传承方式。

方案"基因重组"（图1）将传统徽州民居建筑中的空间秩序运用于现代"书院"建筑群体的规划设计中，并提取传统空间要素用现代

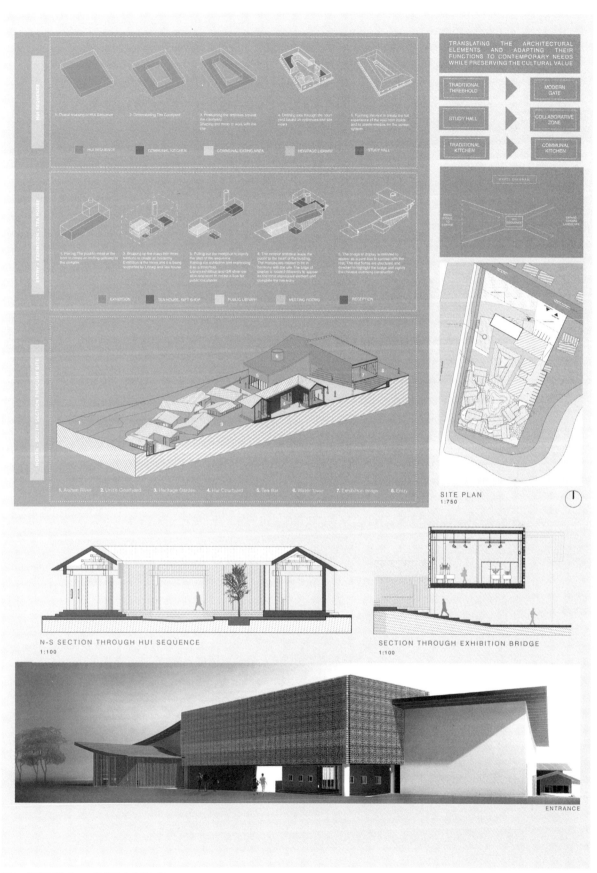

图 1 "基因重组"——徽州渔亭书院设计 (2016)

的手法进行演绎，通过现代的建筑形象表达出一种怀旧的情绪。中方学生对于徽州文化更加熟悉，但这种熟悉导致设计创意受到经验的限制；而加方学生由于第一次接触，对其理解更加抽象化，能迸发出更多创作的火花。因此在合作的过程中，中方学生为加方学生深入解释徽州文化，加方学生提出设计理念，最后再由双方学生共同合作把设计概念传递到有具体空间构成及形态设计中去。学生们从分析徽州建筑空间序列入手，清晰地划分出开放、半开放、私密三个空间领域，将入口接待大厅（含展览空间）、书院空间、艺术家工作室三组功能置于基地上，分别对应三个空间领域，通过环境的布置形成类似于一进一进院落的布局形式，从整体上复制了徽州民居建筑的空间序列。此外，在细节处理上也强调了传统与现代的联系。其一，学生们注意到徽州建筑中牌坊常常是传统村落空间序列的开始，他们把牌坊理解为类似"桥"一样的空间限定，因此该设计在基地主入口处将建筑抬升，形成一个限定的入口空间，预示着整个空间序列的开始；其二，将书院空间设计成"回"字形置于整个基地最核心的位置，屋顶模仿传统徽州民居采用四水归堂的形态，中间的庭院设计成兼具集水功能的景观水院；其三，在表皮处理上，运用现代的手法、技术、材料，形成虚实结合的立面效果，虚的部分采用玻璃幕墙的处理手法，玻璃上印有徽州民居花格窗的图样。

该设计对传统精神的传承不限于符号的表现，没有通过简单的形式上的模仿来设计建筑造型，而是提取了传统空间中的"基因"，对其进行复制和重组，表现出的结果是现代的，表达了一种积极的保护和传承的态度。

（二）技术的融合：传统建造技术的现代转译

2015 年题目"高层建筑中木结构的应用设计"是由加方教授的一项科研课题转化而来的。任务书要求设计一幢钢筋混凝土结构与木结构相结合的预制装配式建筑，高度不超过 12 层，基地自定，功能以居住为主，同时要考虑建筑构件的运输问题。加拿大森林资源丰富，大多数住宅都是木结构的，木构建筑具有节能、舒适、材料再利用等天然优势，是一种可持续的建造方式，因此木构建筑成为当下建筑领域的全新热点。但由于材料特性的限制，纯木结构的建筑很难在高度上有所突破，因此出现了运用混合材料与结构上实现木构建筑向高度方向发展的设想。该题目旨在探讨用钢筋混凝土结构与木结构结合构筑高层建筑的可能性。

针对这个题目，中加学生的着眼点各有侧重。加拿大成熟的工业化建筑设计与施工体系对中国学生的触动最大，他们多从这个角度开展设计。而中国古建筑中的榫卯结构对于加拿大学生产生了很大启发，他们试图将这一中国传统技术运用到当代木构建筑中。两方面交叠，形成了融合中加特色的新型当代木构建筑设计方案（图2）。该方案旨在设计一种可以建造于世界各地的公寓建筑，除满足功能要求外，还考虑了集装箱尺寸，使所有构件均能装进集装箱，以满足跨境运输要求。经过对使用功能和技术、运输条件等因素的综合考虑和权衡，选取 3m 为建筑模数，以 3m×3m×15m 钢筋混凝土筒体结构为核心，其内布置综合管线，各功能空间由木结构向外伸展悬挑于筒体之外，形成 15m×15m×15m 的单元体，各单元体与垂直交通核组合构成建筑整体。考虑到使用人群的不同，功能空间被设计为多种户型，各户型和空中庭院空间相互交错，构成完整的单元体，单元体的首层空间架空以适应各种不同条件的基地。同时该方案深入推敲了地板、墙面、顶棚的组装方式和各节点的构造方式，将中国古建筑的榫卯结构创新地应用于钢木结构。

该设计深入探讨了钢筋混凝土结构与木结构结合建造高层建筑的方式，讨论了材料、结构、工艺、施工、运输等要素与建筑功能的关系，从预制装配式建筑角度来看，是一次很有意义的探索。

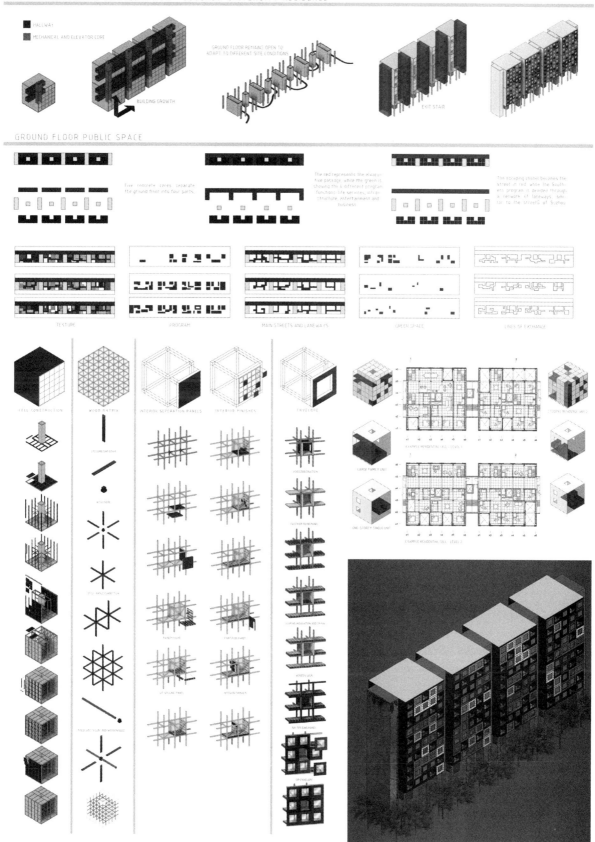

图2　高层建筑中木结构的应用设计 (2015)

三、交流

中加联合设计工作坊主要包含组题、过程指导和集体评图几个环节，目标是实现中外学生之间、教师之间、师生之间的广泛交流。这样在整个设计过程中不仅是两校学生的合作交流，也是不同学校教育方式中两校教师的设计构思及设计理念的碰撞、沟通（图3～图6）。

图3 中加学生共同参观苏州博物馆和古典园林

图4 教师与学生交流设计理念

图5 终期汇报与交流

图6 2013中加联合设计工作坊全体师生合影

（一）组题：中外教学理念的互通

联合设计作为一个中外合作的机遇，促进了学院的全面对外交流合作，为教学和科研的对外合作打下了坚实的基础。组题的过程是中外教师相互交换教学理念、相互学习和交流的过程。不同国度和文化背景下教学目标和侧重点必然会有所不同。中加联合设计工作坊采取中加教师轮流组题的方式，通过题目的设定促使双方教师深入了解不同学校、不同国家的建筑教育理念，一起探讨更加生动活泼的教学方法，在观念的碰撞、磨合和理解的过程中得出共识，跳出原有模式，寻求教学理念的变革。如2015年加方组题的目的是基于加拿大木结构房屋发展的基础之上探讨木构建筑向高度方向发展的可能性，2016年中方组题的目的则是探讨传统徽州文化在新建筑中的传承和转译。中加文化背景不同，因此组题的侧重点也不相同，双方教师在差异中深入交流设计方法和理念，共同探讨新的教学理念。

（二）过程指导：中外多元文化的碰撞

联合设计工作坊采用中加师生混合编组的方式，由此形成中外多元文化的碰撞，学生在做设计的同时可以互相交流各国文化，教师在指导设计的过程中可以相互启发以探索更加多元的教学方式。经过三周的交流、讨论，学生们不仅完成了方案构思、草图表达及成图绘制各个阶段的课程任务，更重要的是实现了对中加设计理念的相互交融、渗透，以及不同教学观念形成的优势互补，增加了用多个角度、多种观念和多种素养分析解决问题的能力，也使得两校学生彼此的配合变得顺畅默契，对设计的理解更加深化。通过联合设计，两校学生都拓宽了眼界，了解了不同的文化背景下设计方法和思路的不同之处，有利于更好地认识自己的优势和不足。对于中国学生而言，最重要的启发是更加强调分析思考的过程，更强调与不同设计者之间的合作和讲演、讨论的过程，以及口头和图纸模型的归纳能力，改变了一些同学只顾做设计而不善于交流合作，重图纸轻分析、重结果轻过程、重知识轻思辨的现象。这种经历对他们现阶段的专业学习，以及对将来的设计工作都非常有意义，潜移默化地影响着学生的专业定位和职业选择。

（三）集体评图：多种思维的全面交流

集体评图是设计类课程的常规教学程序，主要有两方面目的：一是指导教师和学生在设计完成后进行一次总结性交流，对课题设置下同学们的工作给出综合评价；另一个更为重要的目的在于，通过评图可以对课程选题以及教学方法进行评定和校正。按照惯例，每次工作坊的最后都会举办一场大规模的评图答辩会，除了参加联合设计的全体师生，还特邀校内外同行专家和设计单位的著名建筑师作为评委参与评图。他们的出席打破了"教师"与"学生"二元教学体系的评价标准。同行专家从多专业的视角与学生进行对话，全方位检验设计成果；来自建筑设计实践第一线的建筑师们，则以他们敏锐的社会洞察力和丰富的实践经验，为设计选题以及同学们的应答给出宝贵建议。集体评图环节促进了同行间的相互借鉴，让学生学会多视角的思考方式，让教师能够充分扩展思路，进一步完善教学体系。

四、结语

历经四载，中加联合设计工作坊在实践中探索、在进步中成熟，取得了一定的成果，未来将向更加开放、多元的方向发展。苏州大学建筑学院已与意大利多莫斯设计学院、英国卡迪夫大学、美国罗德岛设计学院、波士顿建筑学院、香港大学、台湾地区的东海大学等知名院校达成长期合作意向，未来的联合设计工作坊会向更多的国际高校渗透，走向更加开放的多校联合设计的方向，探索更加多元的设计方法和理念。

参考文献：

[1] 邓蜀阳，龙灏. 联合中的跨界与多元——建筑学联合设计教学的启迪与思考 [J]. 室内设计，2013 (1)：28—32.

[2] 蒙小英，夏海山. 设计的棱镜——中英建筑学生工作坊思考 [J]. 中国建筑教育，2015 (1)：70—77.

[3] 许熙巍，夏青，蒂姆·希思. 让历史空间重获活力的尝试——记天津大学 & 诺丁汉大学城市设计 + 建筑设计课程交流 [J]. 中国建筑教育，2015 (1)：78—86.

作者：张靓，苏州大学金螳螂建筑学院 导师组组长，博士，讲师；吴永发，苏州大学金螳螂建筑学院 院长，博士，教授，博士生导师；廖再毅，加拿大多伦多怀雅逊大学建筑科学系 博士，教授

路径教育为导向的建筑类造型基础课程创新实践

——以苏州大学为例

汤恒亮　王琼

Path Education Oriented Architecture Modeling based Curriculum Innovation Practice
——A Case Study on Soochow University

■摘要：造型基础教学是建筑类专业创新人才培养的基础课程，而创新思维的培养是造型基础课程教学的核心内容。苏州大学金螳螂建筑学院在造型基础教学上侧重路径教学方法，通过空间维度转化、图形语言形而上的认知和表达、图形语言形而下的推演和拓展、系统的建构创新型思维转换的知识结构等手段，对路径教育进行了综合的诠释，并取得了一系列重要的教学成果。

■关键词：路径教育　建筑类造型基础　创新与实践

Abstract：Modeling basis teaching is the foundation course for cultivating innovative talents in architecture specialty, and the cultivation of innovative thinking is considered as the core content of modeling basis course teaching. Gold Mantis School of Architecture in Suzhou University focuses on the path teaching method in terms of modeling basis teaching, it also performs comprehensive annotation on path education by the means of spatial dimension transformation, metaphysical cognition and expression of graphical language, substantial deduction and extension of graphic language, and the knowledge structure of innovative thinking transformation. As a result, a series of important teaching results have been achieved.

Key words：Path Education；Foundation of Architectural Modeling；Innovation and Practice

1 引言

　　造型基础课程首创于 1920 年夏，包豪斯设计学院作为最早建立基础课程的设计学院之一，使造型基础的教育第一次确立在科学的基础之上。该课程也是包豪斯最具原创性的教学课程之一，它在某种程度上依靠艺术家个人的、非科学化的、不牢靠的感觉，并在此基础上通过理论的教育，启发学生的创造力与想象力，丰富学生的视觉经验，为进一步的专业设计打下基础。

我国建筑类院校中，改革开放初期造型基础课程改革主要以"布扎体系"和"包豪斯体系"为主，到了1990年代以后，除了以上两种体系之外又出现了"类包豪斯体系""ETH的型的建构"等多种组织框架。实际上在相当长的周期内，"布扎体系"和"包豪斯体系"还是深刻地影响着国内主流的建筑类院校的造型基础教学，或者说造型基础课程的主流是基于"布扎体系"和"包豪斯体系"的，主要表现在对形体表面的形态模仿和塑造，即主要是强调造型技法的培养。目前，随着国家经济和建筑类学科的迅猛发展和对创新思维的需求，对造型基础课程提出了新的要求。其中包括：①观察方法建构的能力；②空间维度的认知和转换；③图形语言和文字语言的表达与转换；④审美和评价标准的建立；⑤创造性思维的培养，等等。特别是创造性思维的培养问题，在新的历史环境下对国内造型基础课程提出了更多具有挑战性的要求。苏州大学金螳螂建筑学院的造型基础教学，从2008年迄今经过8年的教学实践，立足于建筑类专业大平台，结合学院工科招生的生源背景以及师资力量的优势，形成了具有自己鲜明特色的人才培养方式并且确立了造型基础课程路径训练架构（图1）。

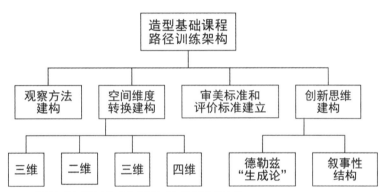

图1　苏州大学金螳螂建筑学院造型基础课程路径训练架构

2 造型基础课程创新和实践的目标

2.1 形成过程性创新思维

19世纪50年代后期至今，对创造性思维的探索是一个不断尝试的过程。人们努力将工作中的创造性解决问题的过程描述成一种线性的逻辑结构，这种逻辑结构表现在那些看起来已经发生的公开行为中。创新思维被看成是叙事性的阶段，它们因行为（诸如解析、综合、推定等）的各类主导形式不同而显示出各自特色。这种行为和观念，在传统中具体呈现在造型基础课程组织和教学原则中。它们是18、19世纪间从巴黎美术学院和巴黎理工学校的工作室中逐渐演化出来的（源自《设计思考》中埃伯格和卡利昂的观点）。

为了解决学生缺乏过程性创新思维的问题，学院在继承传统造型基础课程教学的基础上，借鉴了法国著名哲学家德勒兹的"生成论"（图2）。在"生成论"指导下，我们推崇"差异和生成"，强调生成过程性创新的路径教育，奠定以人为本的渐进式的"生成式"的创新。我们的这种审美标准和方法论的建构实践实际上颠覆了柏拉图主义的模仿论，建立了一套新的有别于古希腊传统的审美标准和方法论。在教学过程中，教师指导学生在"生成论"逻辑的框架下，运用逻辑性的工作方法将技术性的基础和创造性的艺术相叠加，循序渐进地生成创新思维。重视技术性的基础与艺术性的创造合二为一，强调技术性、艺术性、逻辑性，是学院造型基础课程改革的核心。最终的目标是激发学生在现当代文化批判方面的创新思维和创造能力，并建立符合目前现状的审美观和评价标准。

图 2　法国著名哲学家德勒兹的"生成论"体系

2.2　提高空间构建和审美能力

在造型基础课程教学过程中，一方面引导学生建构过程性的创新思维，另一方面是提高空间建构和审美能力，为随后开展的设计课程做好铺垫。英国马克思主义理论家特里伊格尔顿在《审美意识形态》中认为：美学在寻求传统上本质化和超越性艺术定义的同时，其实已经强化了与主体性、自主性和普遍性相关的概念，这就使美学与现代阶级社会主流意识形态的建构密不可分，因此审美和艺术都要受到特定社会意识形态和历史制约，设计是与现实生活紧密相连的领域，艺术和设计活动被看作是和政治、社会生活辩证存在的一种关系，是与人类意识系统相关联的组织。这一美学的发生伴随着"叙事、体积、空间、亮度、色彩"等方面改变物质元素的现代工业文化。因此，造型基础课程的目标母题就不能仅仅局限于我们常规的或者是单一类型的物体，而要在现代工业文化的这个背景下融入电影、戏剧、生物学等各种与现实生活相关联领域的鲜活的艺术表达内容。通过建构二维、三维、四维相互转换的空间视角重新审视我们生活的空间，建立造型基础的全新的创造性思维，更加全面地提高我们的空间构建和审美能力。

3　路径教育为先导的造型基础课程体系内容

3.1　课程体系的设置

苏州大学金螳螂建筑学院，培养的是建筑类的设计师而不是纯粹的艺术家，因此非常重视创意精神的物化、物体的空间建构表达能力以及团队合作的过程。这有别于艺术家独立对自然物体的塑造和表现的过程。造型基础课程的教学程序和由此产生创造性思维的关系，正是学院教学体系建构的核心。造型基础课程所服务的专业包括：建筑学、建筑学（室内设计方向）、城市规划设计、风景园林设计，生源全部是工科招生，没有经过美术专业训练，因此在造型能力方面几乎为零基础。为此，学院在以建筑学为基础的专业大平台的教学框架中，包含为期两年的造型基础课程的学习，以弥补学生这方面的知识空缺。造型基础的教师安排方面，采取以设计类的教师为主体、以纯艺术类教师为辅的架构方式。

学院的造型基础课程主要包括"设计素描""设计色彩""综合构成""快速表现""速写"等。这些课程不是孤立存在的，而是有着不同训练目标的课程体系，即以叙事学的理论方法为主要架构，串联造型基础的系列课程，形成特有的路径教育方法。路径教育承认叙事结构的稳定性和叙事规则的有效性，将具有叙事性的电影、戏剧、自然物态有效地融入造型基础课程认知、训练造型和创意能力的过程中，采用经典叙事学的模式和概念来分析造型基础的认知物体和创意概念，在教学过程中鼓励学生跨学科研究，让学生在思考中有意识地从叙事性的结构中汲取有益的理论概念、形态内容、批评视角和分析模式，以求拓展造型基础课程训练的内容和范畴，克服原有的、传统的、片面性地强调绘画能力的训练。

3.2　教学目标和评价标准的建立

每门课程都有着自己的教学目标和评价标准。①"设计素描"课程：指导学生在叙事学的框架下理解空间维度的转化，由三维写生到二维平、立面解读式写生，再到三维拓展。②"设计色彩"课程：将叙事性载体（如电影、戏剧等）中提取的色彩和机理，与写生静物的色彩和机理相结合，进行主题性的训练。③"综合构成"课程：包括平面、色彩、立体三个方面的内容，通过构成法则等方法论的角度，强化图形推演和拓展能力的训练。④"速写""快速表现"课程：将此类课程作为认知工具，把它穿插到"设计素描""设计色彩"和"综合构成"的课程当中，通过制作过程分析和生成创意概念小本子的方式，更好地配合和体现造型基础课程的路径教育。

4　路径教育为先导的造型基础课程阶段性建构

4.1　叙事性框架下的物体认知的分析性阶段

第一，将叙事性载体（如电影、戏剧等）纳入到我们的物体认知阶段，设立特殊的社会意识形态、历史情境、形态语汇以及修辞手法，结合目标物体的写生，比对材料的各自特征，进行分析，并建立评价标准。第二，对目标物体进行材料属性研究，这个过程中要专注于理解色彩、材质、机理，训练学生对于自然的敏锐的观察能力。第三，对材料进行视觉和触觉特性的评估。体验和描述材料的特征，在唯物主义哲学框架下建立理性、系统的方法，对材料进行不同质地的系统分组。第四，对叙事性载体和物体进行空间维度上的认知（图3）。

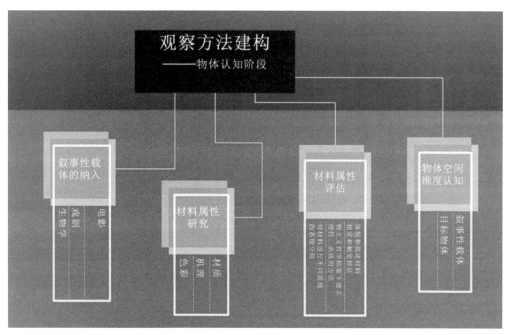

图3 叙事性框架下的物体认知阶段架构

4.2 叙事性框架下的空间维度转换的创造性阶段

第一，在叙事性载体和框架下有目的地研究空间的基本要素。梳理从处于运动状态的点开始并形成了线，得到第一个维度；观察线的移动和叠加形成面，得到第二个维度；面和面相互叠加形成体，得到第三个维度；进而通过时间和空间上分离的快切，组成一个更大的空间建构思想——蒙太奇，形成一种新的叙事结构（图4）。

第二，在把空间的基本要素梳理之后，在叙事性框架指导下运用德勒兹"生成论"并结合着叙事学的修辞手法，从一维到四维进行多维性的转换认知。这种转换包含：①根植于感知世界的方式的"空间实践"；②根植于想象和思考世界方式的"空间表现"；③根植于我们身体在这个世界上的生活方式的"再现空间"三种空间概念。尽管这种设想（把空间设想

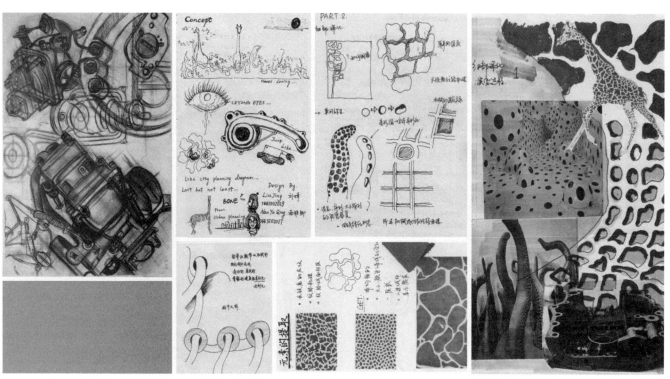

图4 叙事性框架下的空间维度转换阶段（学生作品）

图5 叙事性框架下的图形语言拓展执行阶段（学生作品）

为人们调和感知、思想和经验的维度）很有感染力，但并不能使它成为现实，因外部空间没有内在的稳定性，更多的是偶然印象、心理过程和行为的剩余物。这些东西既没有有机的统一性又没有客观性，但是它们与开放性的空间维度的转化是息息相关的。它们包含具体的、情感的、象征性的表达，并非固有的单一性是空间维度。

4.3 叙事性框架下的图形语言拓展的执行性阶段

随着我们在叙事性框架下的物体认知的分析性阶段和空间维度转化的创造性阶段能够更加多角度地、客观地得到空间建构的二维的表皮以及三维的空间形态等丰富的图形语言以及其丰富的叙事性的组织架构，之后就可以得到图形语言拓展的执行性阶段的策略（图5）。在"生成论"的指导下，运用形式和形象的方法，诸如拼贴、引用等，并结合叙事性框架下的修辞和文化的延续性，就有了具有审美衡量标准的重要意义，并且暗示着新的空间的生成、新的文化语言的阐释和组织。一方面，通过抽象的几何系统本身提供了不同系统来组织空间，在特定的语境中，系统直接越过三维欧几里得空间得到了，进入多维空间范围；伴随着这些几何体系的具体生成结果又影响着新的空间观，并由此影响空间建构。另一方面，造型基础是一种语言，具有参照性和修辞性陈述，对确定过去文化延续性的重要意义加以确认，进一步加强了一种内省的、回溯过去的理论姿态。对传统语言的整合确立与过去的连续性，造型语言的组成模式可以像模式语言那样被视为一套完整的语汇和语法规则，通过它们来表达新的创新思维。

5 造型基础课程创新和实践的意义

造型基础课程是建筑类专业的基础课程之一，是创新人才培养的重要组成部分。苏州大学金螳螂建筑学院侧重于路径教育，一方面重构了造型基础系列课程的授课体系和授课内容，强调过程性创新思维的培养，让学生能够在叙事学、生成论等方法的指导下，解析、综合、推定造型基础的训练内容，能够定量、定性和循序渐进式地分析和解读形态语言；另一方面，提高了学生的造型思维转换和审美能力，将感性的认知上升到理性的阶段，建立了一套完整的评价标准。通过叙事性框架下的物体认知的分析性阶段、空间维度转换的创造性阶段、图形语言拓展的执行性阶段，建构完整的路径教育教学结构，为随后的设计类相关课程打下坚实的基础。

（基金项目：江苏高校哲学社会科学基金指导项目"创造学发展语境下的中外设计产业比较研究"，项目编号：2016SJD760084）

参考文献：

[1] 让尼娜·菲德勒等.包豪斯[M].查明建等译.浙江人民美术出版社,2013.
[2] 彼得罗.设计思考[M].张宇译.天津大学出版社,2008.
[3] 丹妮卡瓦拉罗.文化理论关键词[M].张卫东等译.江苏人民出版社,2006.

作者：汤恒亮,苏州大学金螳螂建筑学院　讲师；王琼,苏州大学金螳螂建筑学院　副院长,教授

走向营造的江南园林假山认知

——苏州大学"假之假山"模型制作课程纪实

钱晓冬　蒋辉煌　钱盈盈

"Rockwork Modeling":An Innovative Teaching Approach to the Cognitive Learning of Rockwork in Chinese Gardens

■摘要:文章以"假之假山"模型制作教学为例,介绍了该课程的教学体系及创新特色之处。理论与实践相结合的教学模式让学生能够更深刻地了解江南园林假山的空间构成、构造特色以及制作工艺。课程先以现场测绘为切入点,了解实际的假山尺度和环境,通过绘制比例图纸,借助模型实验室中的陶艺制作实验室进行1:10的模型制作,材料则采用可塑性较强的陶泥,联合艺术学院陶艺课程及苏州当地陶艺大师的资源,共同来完成"假之假山"模型制作。最后要求学生通过模型制作把假山空间的体验转译为建筑空间并抽象提炼假山中空间的变化,将其归纳整理成空间语言。

■关键词:假山　模型制作　陶艺　空间

Abstract : This paper introduces the teaching system of the course and the characteristics of innovation in the teaching of "false rockwork" model. The teaching model combined with theory and practice allows students to understand more Jiangnan garden rockwork space composition deeply. The course is based on the scene surveying and mapping as the starting point, to understand the actual rock scale and the environment, and then, according to drawing the proportion of drawings, and use the model laboratory in the model1 laboratory to make the 1 : 10 model. Its material is made of plastic clay. Then, we joint art college pottery courses, as well as Suzhou local pottery master to complete the "false rockwork" model production together. Finally, students are asked to make the experience of the rockwork space into the architectural space and abstract the changes of the space in the rockery, and summarize it into the spatial language.

Key words : Rockwork ; Modeling ; Pottery ; Space

1.课程设立的目的与背景

江南园林假山是中国园林中最具特色的元素之一,其空间的复杂和与多样性与建筑空间有着紧密的联系。而其最具代表性的案例均坐落于苏州。借此平台,苏州大学建筑学院将模型制作课程以江南园林假山为依托,开设了具有鲜明地方特色的江南园林假山模型制作认知课程。

模型制作一直是建筑学学科必不可少的课程之一,是探讨建筑空间最传统、最直观的方式,也是培养学生对于复杂三维空间表达最有效的思维训练方法。课程贯穿整个五年教学的设计课程当中,成为设计课程最主要的辅助课程,但并非作为独立课程存在于设计教学体系当中。苏州大学建筑学院在教学改革后,将模型制作课程于三年级教学当中作为独立课程教授,旨在通过反推模型来思考设计,通过对于经典对象的模型推敲来反思设计的手法与技巧。而苏州又作为具有悠久历史文化底蕴的城市,有相当多的古建筑范例和传统园林典范,故经典对象模型的选择方向便以园林或者园林建筑为依据。而这些园林或者古建筑本身的建造具有一定的复杂性,该课程通过模型语言来对其复杂性进行解析与还原,从而来探讨其空间的意义。

2.课程计划的内容安排

"假之假山"模型制作课程持续九周,18课时。因课程时间安排相对紧凑,故课程负责人以一周为课程进度时间来开展安排,让学生充分利用课余时间来完善课程内容(表1)。

3.课程教学方式的特色与变革

1)相关课程的衔接与互动

中国古建筑构造以及中国古建筑测绘作为该课程的先行课程,已经让学生全面了解了相关的知识点,模型制作课程仍把传统建筑与传统园林作为其主要对象及内容,是对中国古建筑构造以及中国古建筑测绘一个最好的延续和知识点巩固。这也是苏州大学建筑学院的特色办学教学改革手法,充分利用了地方性优势来开展教学内容。

第二课堂作为互动课程穿插在该课程之中,利用苏州大学本校的资源、苏州当地的资源以及国内建筑院校的资源来为该课程进行全面的指导。苏州大学建筑学院假之假山模型制作课程首先利用本校艺术学院陶艺实验室的资源,邀请该学院蒋辉煌老师对该课程的陶艺制作进行相关指导。同时,邀请苏州本地知名华派紫砂传承人钱盈盈老师在陶艺的理论上给予学生全面的讲解;最后诚邀中国美术学院王欣教授做了一次关于园林掇山的讲座并就课程给予评价和意见。通过三次第二课堂讲座的有力补充,学生对于该课程有了更好的掌握,积极性得到了相应的提升。同样,对于第二课堂的讲座目的性也更明确,课程与课程之间互动性更强、更有意义(图1)。

课程计划   表1

时间	地点	教学内容	教学方式
第一周	课堂	1.经典园林掇山分析(环秀山庄园山、留园厅山、网师园云冈、惠荫园小林屋洞、艺圃园山、瞻园南北山,等等); 2.掇山手法及原理(以计成的《园冶》为主); 3.叠石用材、构造及施工工艺(以孙俭争的《古建筑假山》为主)	《园冶》、《古建筑假山》等教材
第二周	园林现场	分小组后,以小组为单位至各园林现场进行现场测绘与数据记录;根据现场数据绘制三维空间模型及测绘各表现图	课程负责人现场讲授
第三周	第二课堂	邀请华派紫砂传承人钱盈盈老师讲授陶艺制作的流程及工艺,并结合假之假山的课程内容教授制作技巧	嘉宾讲座
第四周	苏州大学艺术学院陶艺实验室	邀请苏州大学艺术学院蒋辉煌老师讲授陶艺工具的相关知识及使用方法,并结合假之假山的课程内容教授制作手法	嘉宾讲座
第五周	苏州大学建筑学院模型实验室	根据测绘数据与陶艺特性制作假山模型;空间骨架制作完成并总结空间类型	课程负责人现场讲授
第六周	园林现场	假山细节模型现场比对,尽可能将掇山手法、石材堆叠皴法等表现真实	课程负责人现场讲授
第七周	苏州大学建筑学院模型实验室	完善假山模型及其周边环境,将假山空间提炼分析,并进行空间转译;利用三维软件重组空间来转译对象假山	参考《乌有园》一书
第八周	课堂	课堂汇报	
第九周	第二课堂	邀请中国美术学院王欣教授做关于园林掇山的讲座报告并给予课程指导	

图 1　第二课程讲座现场

2）多样性的教与体验式的学——以环秀山庄、耦园及网师园为例

①假之假山课程讲解

在纯实践的 18 课时之内，利用 4 课时在课程开始与结束时做理论的讲解和总结。理论讲解主要以计成的《园冶》以及孙俭争的《古建筑假山》为依据，讲解关于掇山的手法、艺术赏析及其施工工艺（图 2）。

②分组实地讲解与测绘（第一次测绘）

分组对对象园林的局部假山进行测绘（环秀山庄之坐雨观泉、耦园之三山一云、网师园之黄石云冈）。利用计算机进行数据整理。假山测绘相对于传统历史建筑测绘不需要太精确的测量数据，因为文人造园还是重意，不同于匠人建筑之精准，故一般利用普通手持工具便可测量。虽然假山测绘不要求数据之精准，但空间比例关系变得非常重要，除了假山自身的空间关系之外，假山所处园林位置相互之间的环境空间关系也尤其重要。这才是第一次现场测绘所要记录的最重要的信息。然而，假山黄石或者太湖石的掇山工艺及其材质肌理所表现出的整体皴法需待整体空间明确后进行二次记录与测绘。通过对假山空间关系的测绘，使

图 2　假之假山模型制作课课件

学生切身体验其尺度关系所给予的心理感受，能够让学生更好地了解尺度感概念，不仅对于模型制作中掌控其空间尺度有着重要的体验提示，更是对学生之后根据假山对象所做的空间转译有所启发。

现场课程负责人通过对各个园林假山的特色进行分析，从而延伸至对整个园林的造园手法进行分析，使学生更能理解掇山在造园中的重要地位，亦能增加学生测绘假山的积极性。除了一般测绘工具的数据记录，课程负责人还要求学生利用影像来记录假山空间的变化与尺寸，抑或对人在假山中所发生的行为方式与尺度对比来记录假山的空间关系及数据（图3）。

③模型制作

根据现场数据与影像资料以及陶土的制作方法来制作1：10～1：20的假山模型。利用坚固材料做假山底座、填充材料做骨架，揉捏出大致的假山空间关系，之后比对数据反复修改（图4）。

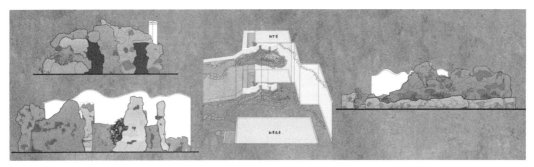

图3　耦园三山——云测绘图纸

图4　学生在模型实验室制作假山过程图片

④现场细节数据测绘并完善模型（第二次测绘）

关于假山的用石及其皴法的表达，课程负责人已然在课堂理论中讲解，为使得学生更好地理解其意义，更需反复去到现场观察假山对象的掇山手法及其在此园林环境中所追求的画意。只有理解其真正的空间意境，才能通过泥塑来表达其掇山的手法。

假山空间在现实世界中需要用身体本身的尺度去衡量，包括其曲折、收放、骨骼、增减等，这些体验都是一个内部的、细节的体验，在以身体为标尺的情况下，大多时候对假山无法完全理解。然而制作模型泥塑的过程，是站在了一个俯视的角度去理解假山，在此过程中，不仅能让学生了解其外部轮廓的周转，空间高度的变化，以及各部分之间的对比，再细节一点，更能通过肌理的模仿，去理解不同山石所创造的不同空间感受与当时文人造园的画意；同时，因为这是一个俯视角度及亲手塑造的过程，更能使学生清楚认识假山本身与所处环境的关系（图5～图7）。

图 5 网师园"黄石云冈"模型成果

图 6 耦园"三山一云"模型成果

图 7 环秀山庄"坐雨观泉"模型成果

⑤对假山空间进行空间转译

如何通过模型制作来反向帮助设计思考？课程负责人不仅在内容上进行独立设置来寻求突破，并在后续反推设计上做了课程的改革。学生完成假山的模型制作以后，课程负责人让学生根据每组所做假山的特征及其在该园林环境中的作用，转译为空间语言并进行重组设定，来诠释假山空间作为纯空间形态所表达的内在意义。

组一——耦园之"三山一云"。由于历史上分家的原因，假山中横穿一堵云墙，将其在空间上划分为两户人家，后经园林修缮保留其墙体的历史信息，稍作修饰，故又成为一园。而恰恰是这样的历史缘故，使得本不属于耦园特色的这座太湖石厅堂山变得格外别致。让学生以此为切入点，将"三山一云"进行空间转译，用纯空间的手法来再现其内在的历史意义（图8）。

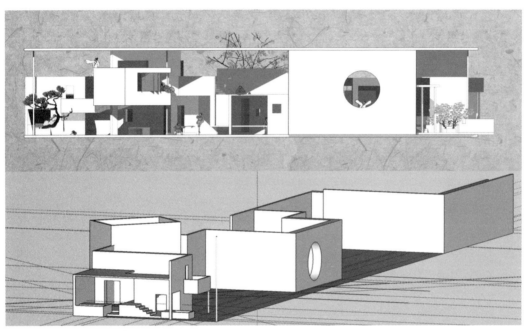

图8 耦园"三山一云"模型空间转译

（学生转译作业说明：攫取耦园中"三山一云"概念，在极小基地内部用水平向片墙——谓之"一云"，将基地一分为二，形成两个彼此连接又相互分隔的住宅。基地内的空间体块有序且丰富地彼此穿插，形成有特定功能的住宅房间。两座住宅入口分别位于基地两端，空间叙事也始于两端，终于两者交汇的中间庭院。空间的穿插在正立面效果图中形成了三个不同的立面层次（阴影深浅代表着空间进深的层次），可谓之"三山"。幼时总会想象有一群拇指小人寄居在我的铅笔盒、卷笔刀内，想象着他们在此间劳作、诵读、嬉戏……认真感受着耦园"三山一云"的空间处理手法的同时，模拟出我想象中的掌上二分宅，想象自己畅游此间的各种生活状态。）

组二——环秀山庄之"坐雨观泉"。环秀山庄西北角作为主体园山的次山，相传有"坐雨观泉"之景观。原因是每到下雨，屋檐的集雨装置就会触发此景观，故让学生以此消失的装置为切入点，将"坐雨观泉"进行空间转译，以纯空间提炼重组的手法来诠释其空间意义（图9）。

组三——网师园之"黄石云冈"。网师园之所以为苏州最精致的园林，原因在于其运用以小见大的造园手法，将水池周边的建筑体量通过各种方式遮挡或对比，从而减小其体量感。"黄石云冈"便是遮挡其后硕大的四面厅最好的掇山位置，与旁边小尺度的引静桥组景后，又让整个空间再次放大。故让学生从尺度弱化这一假山的作用出发，将其重组后来提炼其对园与对自身空间系统的内在意义（图10）。

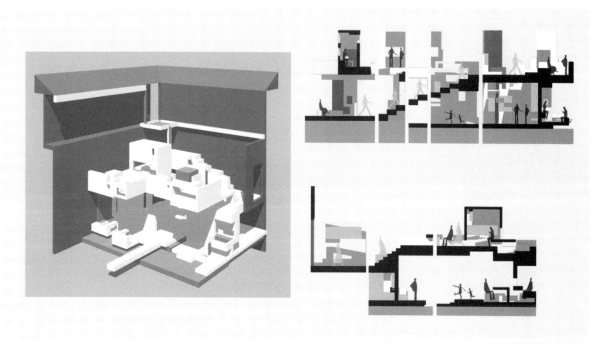

图 9 环秀山庄"坐雨观泉"模型空间转译

（学生转译作业说明：环秀山庄"坐雨观泉"假山的现存状态中，上、下层空间的转换给人很深刻的印象。这个假山转译的要点就是模仿其上、下空间的转换特点，并加上对于其原有"坐雨观泉"装置设计的猜想，利用屋檐雨水的汇流潺潺而下串联或限定一些功能空间。图示中将人在装置中的两条主要流线展开，浅灰色小人即代表人的行走，直观表现装置可居、可游的特点和流线中的节奏。）

图 10 网师园"黄石云冈"空间模型转译

（学生转译作业说明：几何，通过简单几何形的限定与构成，重新再现园林空间的关系，假山在园林中的存在多不是独立的，圆形的边界便代表着山外的一切，也与方形的山相呼相应。几何的转换只是概括了云冈的印象，其中必然缺少了许多真实的趣味，可作为建筑学的尝试也是觉得十分有趣的。）

4.结论

　　假之假山模型制作课程是苏州大学建筑学院教学改革探索的一门选修课程，突破常规模型制作课程作为设计课程辅助的设置，将地方性建筑学专业办学特色作为依托，利用特殊材料来诠释复杂性模型，从而使得学生能够用另一种方式来探索空间的意义；同时也合理结合相关课程和社会资源来共同参与课程教学，使得该课程虽为一门选修课程，亦能让学生在理解传统园林建筑的同时，更加深刻理解其空间的意义。

参考文献：

[1] 计成原著，陈植注释．园冶注释（第二版）[M]．中国建筑工业出版社，2009．
[2] 孙俭争编著．古建筑假山（第一版）[M]．中国建筑工业出版社，2004．
[3] 金秋野，王欣 编．乌有园（第一辑）——绘画与园林 [M]．同济大学出版社，2014．
[4] 王欣著．如画观法 [M]．同济大学出版社，2015．
[5] 苏州市园林管理局 邵忠编著．江南园林假山 [M]．中国林业出版社，2003．

作者：钱晓冬,苏州大学建筑学院　古建筑构造实验室负责人，实验师；蒋辉煌,苏州大学艺术学院　陶艺实验室负责人，实验师；钱盈盈,华派紫砂传承人，工艺美术师

附录

苏州大学建筑学院开放讲堂课程设置
（以专业方向分类）

The Curriculum of Open Forum in School
of Architecture, Soochow University
(Classification of Professional Orientation)

苏州大学建筑学院开放讲堂课程设置

专业	主题	主讲人	职务
建筑设计	形式追随生态——建筑真善美的新境界	李振宇	同济大学建筑与城市规划学院院长，博导
	地域文化背景下的中小型博物馆设计	仲德崑	深圳大学建筑学院，东南大学博导
	构筑未来美好城市	张铭	美国 MZA 建筑事务所 CEO
	静谧的创新	时匡	苏州科技大学教授
	历史文化名城保护中的若干理论问题	曹昌智	同济大学建筑与城市规划学院教授
	文化自信引领的建筑创新	程泰宁	东南大学，中国工程院院士
	从理念走向现实——上海后世博生态策略与实践	沈迪	上海现代建筑设计有限公司总建筑师
	建筑探美——美是建筑艺术的至高境界	汪正章	合肥工业大学建筑与艺术学院教授
	本土营造	付海涛	海南大学兼职教授
	From Nature tu Artifact 从自然到人工	陆轶辰	清华大学美术学院副教授，纽约 Link-Arc 总建筑师
	建筑的地域主义——BE 建筑实践分析	贾倍思	香港大学建筑学院副教授
	本原设计	孟建民	深圳市建筑设计研究总院总建筑师
	回归本体的建筑创作	李立	同济大学建筑与城市规划学院副教授
	空间的公共性责任	张应鹏	苏州九城都市建筑设计有限公司总建筑师
	历史建筑信息采集的方法与技术	张鹏	同济大学建筑与城市规划学院副教授
	在地设计	庄惟敏	清华大学建筑学院教授
	建构与可持续的转换——从理解到操作	申绍杰	福州大学建筑学院教授
	What is Green Architecture?	Lorenzo Barrionuevo	西班牙 ARQTEL BARCELONA 建筑事务所总建筑师
	本土设计的思考与实践	崔恺	中国建筑设计研究院，中国工程院院士

专业	主题	主讲人	职务
建筑设计	评价日本现代建筑	李桓	日本长崎综合科学大学建筑系教授
	建筑·梦·人生	邢同和	上海现代建筑设计有限公司总建筑师、同济大学博导
	以普哈丁园为例谈建筑设计的文化代表性	曹庆三	同济大学建筑与城市规划学院博导
	本土化设计创新与东方人居思想	赵红红	华南理工大学广州学院建筑学院院长、博导
	纯粹之路	施国平	美国 PURE 建筑师事务所合伙人
	An introduction to architectural design	Christian Gänshirt	西交利物浦大学教授
	数字化视野下的跨界设计与建筑实践	宋刚	广州竖梁社设计总建筑师
	器玩中的造园	王欣	中央美术学院建筑艺术学院副教授
	中世纪的城市	刘涤宇	同济大学建筑与城市规划学院副教授
	The Chinese garden in the West：the mask or reality？	Agnieszka Whelan	美国弗吉尼亚州 old Domninion 大学教授
	塑造城市特色	秦佑国	清华大学建筑学院博士生导师
	建筑业的创价过程与企业伦理	杨百川	台湾信义企业集团伦理长
室内设计	我的观·注	琚宾	HSD 水平线空间设计总设计师
	多元化时代的室内设计	陈易	同济大学建筑与城市规划学院博导
城乡规划	现代城乡规划导论	赵民	同济大学建筑与城市规划学院博导
	谈城市设计的理性	周国艳	合肥工业大学建筑与艺术学院城市规划系博导
	日本乡村规划的发展历程和思考	王雷	天津大学建筑学院城乡规划系博导
	双"邦"记：当代亚洲城市主义研究	林中杰	美国夏洛特北卡罗来纳大学建筑学院教授
风景园林	人居环境学科群中的风景园林学——定位、研究、实践	刘滨谊	同济大学建筑与城市规划学院景观学教授
	新常态下，谈园林绿化行业前景与使命	张军	苏州金螳螂园林绿化景观有限公司总经理
	实事求是与海绵城市	王绍增	《中国园林》期刊主编
	境其地：一种土地营造研究纲领	杨锐	清华大学建筑学院景观学系主任
	景观设计师思维培养与探索、论植物景观设计师是怎样炼成的	杨利伟	生生景观设计公司创始人、首席设计师
		席文静	生生景观设计公司资深植物设计师
	山水城市，梦想人居——中国城市可持续发展探索	胡洁	北京清华同衡规划设计研究院副院长、清华大学副教授
	设计过程的逻辑与推演——以两个商业街设计为例	唐剑	五维源景观设计院院长
	康复景观——城市园林环境与健康的新型关系	郑丽	云南农业大学园林园艺学院硕导
通课	认识苏州房地产市场	张建平	苏州信义房屋总经理

城市广场的空间与活力

——以首义广场综合调研教学实践为例

李欣　李安红　方歆月　周林

Space and Liveliness of Urban Square:a
Case Teaching Practice for Shouyi Square
Comprehensive Investigation

■摘要：本文以武汉首义广场为例，结合武汉大学建筑学专业城市设计课程中的综合调研教学，综合实证调研等多种技术手段，揭示了设计意图与使用情况之间的一致性与差异性的成因，探讨设计规划与其他隐性元素对空间活力的影响，发掘"混沌"背后的潜在规律，探讨了多重视角下的广场设计对于城市活力的影响以及融入城市生活的可能，并提出相应的优化策略。

■关键词：城市广场　空间活力　城市设计调研　研究性教学

Abstract：This paper introduces a case teaching practice for Wuhan Shouyi Square comprehensive investigation in the urban design studio of architecture program in Wuhan University. Various kinds of technical means are involved in the teaching, which reveals the causes of consistency and difference between original design intention and current usage, the influence of planning and other hidden factors on the vitality of space, and the potential laws behind "chaos". Corresponding optimization strategy is put forward based on the investigation.

Key words：Urban Square；Liveliness of Space；Urban Design Investigation；Research Based Teaching

1.引言

　　设计能力无疑是建筑学专业学生最为看重的专业技能，然而"未知事实，不可虚行"，随着城市建设从以规模为主的增量型扩展模式转变为以质量为主的存量型优化模式，而深入细致的调查研究是城市设计教学的必要前提和基础环节，调研能力逐渐成为建筑学专业学生的一项重要的基本技能。在城市的复杂体系下，城市广场往往具有多重的意义，既能够展示城市的特色环境，也承载着都市丰富多样的文化生活[1]。空间活力对物质空间环境具有支持和促进的作用,城市广场是人与场所的互动平台,这种相互作用和初始设计意图有关,也受到诸多不确定因素的影响[2]。虽然设计过程会预设理想化的安排和规定,但建成后的实际情况却往往与设计初衷有所不同[3]。在混沌系统中,初始条件十分微小的变化,经过不断放大,会对其未来状态造成极其巨大的差别。这种现象,正如爱德华的"混沌理论",都反映出这个世界上很多看似无理由的离散片段都被隐形的规则串联在一起[4]。因此,本文以武汉首义广场为例,结合武汉大学建筑学专业四年级城市设计课程中的综合调研教学,探讨设计规划与其他隐性元素对空间活力的影响,发掘"混沌"背后的潜在规律,揭示设计意图与使用情况之间的一致性与差异性的成因,并提出相应的优化策略。

2. 交通现状

2.1 可达性分析

首义广场原名红楼广场,位于武汉黄鹤楼历史核心区,是武汉最重要的城市地标。现状广场于 2007 年扩建形成,总面积 54200m²。经过二次修建以后,原广场区域和加建部分形成三块连续的子广场,以下简称 A 广场、B 广场、C 广场(图 1)。

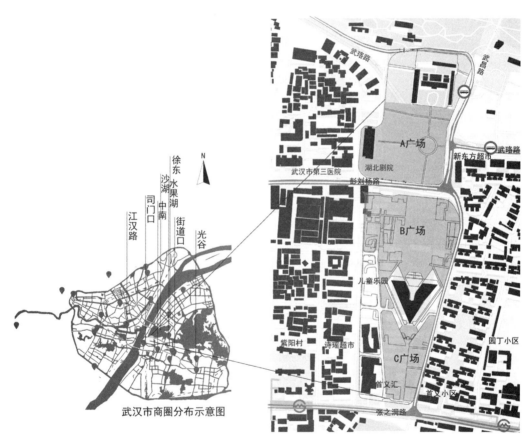

武汉市商圈分布示意图

图 1 首义广场区位图及其空间构成元素

交通道路对于城市空间活力的注入具有至关重要的影响因素。根据不同的道路尺度,城市道路、广场入口、广场内部道路等各层级都会影响到广场目前的使用情况(表 1)。首义广场位于连接著名地标黄鹤楼、辛亥革命新旧纪念馆以及首义汇购物广场的核心地带,周围交通较为繁忙,临近道路停车点较少。A 广场毗邻武汉市地标建筑黄鹤楼景区,周围分布的公交站较全面,主要有武昌路阅马场公交站以及武珞路阅马场两个站点,距离广场约 300m。B 广场北侧为彭刘杨路,附近无公交站点。C 广场毗邻首义汇购物中心,周围 300m 范围内临近两个公交站点,分别是张之洞首义路站、张之洞复兴路站。近年来武汉市的地铁建设得到快速发展,临近 C 广场 400m 范围内有两个地铁站点,即位于张之洞路上的复兴路站点以及首义路站点。

广场与周围公共交通 表1

广场区域	接连道路	公交车站（400m内）	地铁（400m内）
A 广场	体育街，红楼路，彭刘杨路，黄鹤楼东路	武昌路阅马场站武珞路阅马场站	无
B 广场	彭刘杨路，楚善街	无	无
C 广场	楚善街，张之洞路	张之洞首义路站，张之洞复兴路站	复兴路站，首义路站

2.2 广场内部通道规划

道路是人群进入空间的重要方式，而广场也可以理解为道路的放大或者特殊形式。其入口节点的布置与开合对城市广场的使用起到至关重要的作用（图2）。

A 广场位于武珞路端头，通过人行道进行连接。在彭刘杨路界面，则通过宽敞的步道以及小广场接入广场道路。广场内主干道呈十字分布，由中心十八呈旗喷泉进行中转分流。南北道路通向辛亥革命武昌起义纪念馆，同时形成景观轴线，在视线上连接辛亥革命新、旧两馆（表1）。东西道路通向湖北剧院，接近湖北剧院部分道路尺度扩大形成停留疏散空间。十字主干道多为低灌景观分布，没有高大乔木遮蔽，使得视线流畅通透，同时武汉在阳光强烈的夏天，由于主干道上缺乏遮阴的部分，使得市民停留较少，避免了公共建筑疏散与市民休憩之间的冲突。主要道路附近设置市民休憩区，种植高乔、布置休息设施、使得有大量市民聚集，几乎与十字主干道形成互不打扰的系统，自休憩区域私密性较好，适合交流以及阅读。

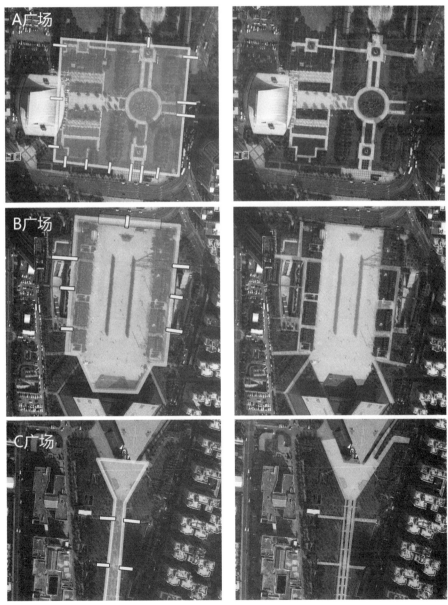

图2 A、B、C三个广场入口及其内部道路分布

B 广场面积约为 34560m²，是三个广场中面积最大的。从城市交通进入该广场空间共有 7 个入口，北向为连接 A、B 广场的地下通道入口。东西向入口对称且较为狭窄，东侧道路开向楚善街，道路交口节点较为局促。西侧道路与广场停车场相连。东西向入口的介入数量和方式较为消极，其中，地下通道设施简陋，空间处理比较简单，通道出口没有任何雨棚过渡设施，阳光强烈时扶梯金属扶手无法使用，雨天亦具有一定的危险性。B 广场面积较大，与 A 区域南北道路形成视线景观轴线，辛亥革命新、旧两馆相互对望。广场上只有作为景观装饰的小型盆栽乔木，两侧树木不够茂盛，也无法形成大面积遮阴部分，使得该部分在炎热季节时的交通性大大降低。

C 广场北接辛亥革命新馆周边道路，南接张之洞路，西接南国首义汇购物中心，东接楚善街。广场与道路接口介入性相比 A 广场也较弱。该部分共有 5 个入口，东、西入口呈对称布局，尺度较小；南向入口为进入中央轴线的主要入口，但尺度相对也较小，且处理消极。广场内部道路设置主要为南北向景观道路，通向纪念馆，种植乔木设置景观带及休憩设施。东西向道路尺度较小，仅满足交通的需求，没有设置休憩空间（表 2）。

广场内部道路   表 2

广场区域	介入方式	广场道路形式	道路类型
A 广场（30060m²）	武珞路人行道连接，小路	十字分布	疏散道路，休憩道路
B 广场（34560m²）	地下通道，小路	大尺度空地	疏散道路，休憩道路
C 广场（24072m²）	道路一侧，小路	南北轴线	休憩道路

3. 空间分析

3.1 主体空间环境

A 广场的主要建筑为北侧的辛亥革命纪念馆以及西侧的湖北剧院。南北向轴线由孙中山先生之像、十八星旗喷泉以及黄兴拜将台组成。周围由乔木形成视线轴线，空间整体尺度适宜，建筑体块与树木使得广场的空间承接和缓，体验感良好。轴线东、西两侧设置具有较好休憩功能的市民活动场所，种植高大乔木形成绿荫空间，市民使用率较高。

B 广场主要建筑为辛亥革命纪念馆新馆。广场主要为长方形硬质空地，形状规整简单，主体空间没有装饰起伏，相对更为重视轴线的建立。周围空间交通休憩空间较为局促，整体广场使用率较低。

C 广场基本为狭长三角形形状，中心主干道为叠水景观，景观感较好，大理石水池边缘可以作为连续的休憩空间。东西草坪上布置具有时代感的雕像，具有叙事性，广场的质感肌理较为精细。同时中央小乔木两侧设置石质长椅，整体环境较好（图 3）。

3.2 周边环境

《人性场所》一书中指出，"people，这里是指普通的人，具体的人，富有人性的个体……现代城市空间是为生活在城市中的男人、女人、大人、儿童、老人、残疾人以及病人的日常生活、工作、学习、娱乐而设计的。这些普通人需要在景观设计和城市建设中得到关怀"[5]。

对于这三个广场空间的活力分布情况而言，除了广场自身的城市介入性以及设计质量以外，周边的服务建筑、景点和其他广场公园都对首义广场的活跃度有重要影响（图 4）。在广场的性质方面，由于其直接连通辛亥革命新、旧纪念馆以及湖北剧院这样的公共建筑，所以该广场具有重要的疏散和纪念意义。此外，周边区域活跃的人群构成比较复杂，如上班族、学生、幼儿、退休老人、疗养病人、游客等，因此广场空间只有满足大部分人群的使用需求时，空间活力才能更高（表 3）。

通过对三个广场 600m 步行半径内的城市建筑类型和数量进行分析（图 5），可以看出 A 广场的建筑

A 广场

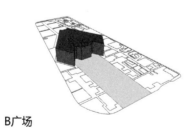
B 广场

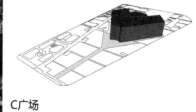
C 广场

图 3　A、B、C 三个广场内部主要建筑布局意向

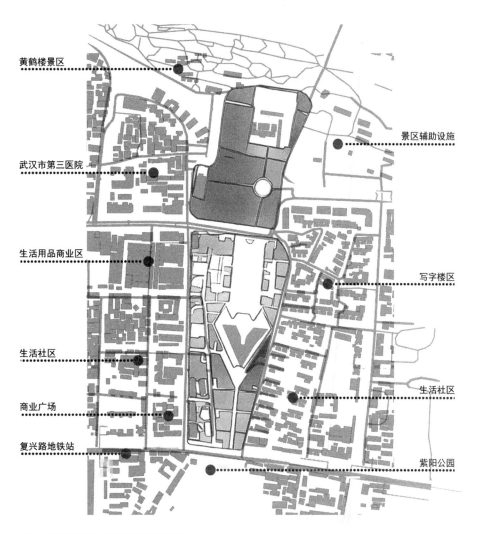

黄鹤楼景区

景区辅助设施

武汉市第三医院

生活用品商业区

写字楼区

生活社区

生活社区

商业广场

复兴路地铁站

紫阳公园

图4　首义广场周边主要功能与设施分布

数量较多，类型丰富多样，因此其服务的人群类型也不同，同时可能发生的活动的类型也相对较多，在一定程度上为该广场的空间活力奠定了较好的基础。

　　此外，舒适的周边环境往往能够吸引更多的市民，由于C广场与紫阳公园临近，在休息设施以及景观布置方面，该广场的实际利用率更高。同时，临近医院以及小学的A广场为患者的临时休息以及各种儿童娱乐场所提供了便利，也相应地提高了该广场的利用率。

首义广场周边设施统计　　　　　　　　　　　　　　　　　　表3

	距离（几何中心）	社区	购物点	学校	其他服务设施
A 广场	0～200m	九龙井小区	无	九龙井小学	武汉市第三医院、湖北剧院、辛亥革命武昌起义纪念馆
	200～400m	西厂口社区、三医院宿舍	无	无	黄鹤楼公园
	400～600m	黄鹤楼街中营社区，后长社区、繁花里	阳光时尚广场	无	首义公园
B 广场	0～200m	首义体工队宿舍、首义小区	小型购物点	武昌首义路小学	辛亥革命博物馆
	200～400m	紫阳村、长湖小区、园丁小区	南国首义汇	无	无
	400～600m	城市花园	无	无	无
C 广场	0～200m	首义小区	南国首义汇	无	无
	200～400m	商家社区	无	无	首义路街敬老院、紫阳公园
	400～600m	歌笛湖社区	无	无	湖北省人民医院

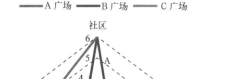

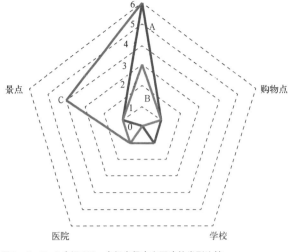

图 5 A、B、C 广场 600m 步行半径内主要建筑类型比较

3.3 空间组构

利用空间句法，可以大致推测出设计意图中 A、B、C 三个广场南北轴线的大致范围。根据调研，这些数据反映了理论设计意图与实际使用情况存在矛盾性。在图 6 中，整合度高以及轴线密集区域，可以视为在理论上具有较高空间使用率的地段。可以看出，广场 B 与周围干道（彭刘杨路）的整合程度相对较高，但实际上由于两者之间采用地下过道进行连接，使得 A、B 两处的连接和到达率降低；同时，B 广场由于缺乏高大乔木等绿荫空间，使得在武汉白天的高温天气下，广场主要部分在白天的功能为通过性交通为主，而缺乏驻足停留的活动。虽然 B 广场整体的空间潜在使用率较高，但实际上由于空间的消极处理而减少了被人们有效使用的机会。

广场的轴线分布进一步反映了广场的使用情况以及可能的功能分区。轴线密集会合的部分即最短步行路线易交会处形成广场交通的重要节点，这也符合三个广场实际主干路的布置以及贯通南北的视线通廊的设计意图。轴线稀疏且整合度较低的部分则成为布置休息设施的区域，将交通属性与休憩属性进行划分，避免了穿越性交通的干扰。同时，相对封闭的空间具有一定的私密性，在白天具有较高的人气。

研究还将首义广场与威尼斯圣马可广场进行了对比。可以看出，圣马可广场不同于首义广场的单一南北轴线，它除了一条主要的东西轴线外，另一条南北轴线使得圣马可广场的交通方向更加丰富；广场仪式感的适度降低，使得游走人群的自由感受更加舒适。尽管圣马可广场也被各种公共建筑所围合，但由于多轴线的处理，以及内部空间与外部环境的开合组织，使其始终保持与城市其他区域的有效联系，提高

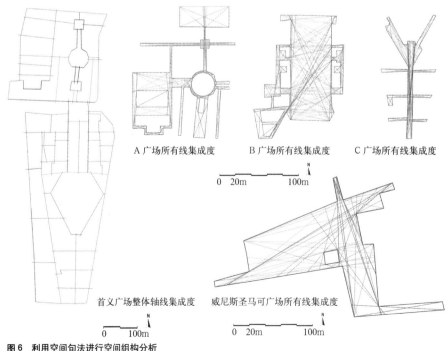

图 6 利用空间句法进行空间组构分析

了市民的参与度以及各种事件发生的概率[6]。

3.4 空间利用情况

研究小组在工作日对 A、B、C 三个场地进行了实地考察，并记录下主要的人群活动轨迹（图7）。由于 A 广场处于黄鹤楼景区、辛亥革命、纪念馆以及湖北剧院的焦点，同时位于交通干道的端点，因此人流量较大，广场噪音较大。广场主要轴线部分为广场主要疏散交通空间，两旁种植中等大小乔木，但作为遮阴效果不大，在阳光强烈的夏季不适合人群的长时间停留，因此除了必要的交通经过以及纪念馆售票处的等待人群外，人群的其他使用情况较低。相比，周边的绿荫区域使用人群则很多。绿荫区域大致有两种空间形式：一种设置在湖北剧场入口附近，种植高大茂盛乔木，同时形成小型广场区域，树下设置木质座椅，工作日时有老人以及带小孩的家长在此休息，市民的交流气氛活跃，形成了积极的市民活动空间；另一种布置在中心轴线两侧，利用乔木遮蔽，私密性较好。同时石板取代硬质铺装，设置木质座椅，使用的市民年龄阶层较广，有儿童、青少年及老人，是适合长时间休憩的场所（图8）。

B 广场出于轴线及疏散考虑，设置了将近90％的硬质铺装广场，除了中间两排的盆栽乔木以及周围的小型乔木之外，没有其他的绿化，因此广场的暴露程度较高，在阳光强烈、炎热时十分难耐，同时硬质铺装量大且颜色较浅，阳光反射量大，会造成眼睛的不适。广场起点到端点辛亥革命纪念馆直线距离约280m，距离较长，市民常为目的性经过，同时步行速度较快。广场两旁设置绿荫带，间断设置木质座椅供人休憩，座椅数量不多，但围合的休憩空间有利于人与人之间的交流，但该部分依然停留的市民密度不足（图9）。

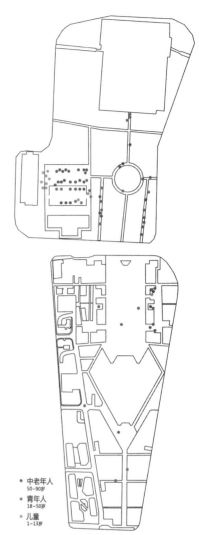

● 中老年人
  50～90岁

● 青年人
  18～50岁

● 儿童
  1～13岁

图 7 广场内部不同年龄段人群分布

图 8 A 广场使用情况

图 9 B 广场使用情况

位于辛亥革命纪念新馆入口背后的 C 广场为绿荫广场，广场中间设置南北向叠水景观带，但已经很久没有使用，休息设施有叠水景观边缘以及花坛边缘（图10）。两边草坪有反映历史事件以及武汉旧时期市民活动的雕像，但少有停留摄影留念的人群。广场上有警卫值班以防止小贩以及骑行的人进入，气氛较为冷清，统计时只有零星市民在广场上休憩，且无法形成交流环境。

根据上述对三个广场的考察，我们提炼出三个广场各自人群相对使用率高的场所空间意向（图11）。可以看出，三个空间主要由不同的植被及布置营造出不同的私密感以及尺度感，其因此形成的场所感也不同。其中，A 广场空间给人场所感最强，高大的乔木形成了围合的私密空间，同时适宜的通行尺度使得广场两旁的休憩空间不显得局促，形成一定停驻感；B 广场的空间围合则不如 A 广场那样强烈，主要由于植被的选择造成，同时其通行尺度相对较小，使得交通与休憩在这一空间有一定的干扰；C 广场乔木树冠较为稀疏，无法形成遮蔽空间，场所感较弱，同时叠水的景观线性设计加强了广场的运动感，使得停住休憩的可能性较低。

图10　C 广场使用情况

图11　三个广场的景观意向

4.景观分析

4.1　气候环境

首义广场所处的区域常年温热潮湿，夏季比较潮湿，冬季较为干燥，尤其在夏季的利用率和舒适性不尽人意（图12）。武汉市的夏天高温多雨，属于湿热气候，而首义广场除 A 区域广场有建筑阴影区和大量树荫外，B、C 区域广场的植被虽多，但能提供给市民使用的阴影区却较少，因此，适当增加乔木种植和凉亭等设施非常必要[7]。此外，首义广场地处于诸多风景名胜区之间，例如紫阳湖公园、黄鹤楼、红楼等，因此它不需要承担城市主要的娱乐休憩功能。实际上，周边大量的商业区和一些纪念性建筑为首义广场带来了巨大的商业价值，这个空间的景观设计不但需要满足轻松惬意的游憩功能，更需要解决公共空间和交通空间的关系，高效地引导人流。首义广场共设置了 22 个人行出入口，但大部分都从平面和人视的角度利用景观手法进行了弱化，休息设施的形式也和绿篱等植被相呼应。尤其是 C 区域广场的景观设计突出植物造景，高大茂盛的植被及地形处理，良好地实现了纪念性空间和休闲空间的过渡，也对外侧的商业空间形成了适当的隔离。

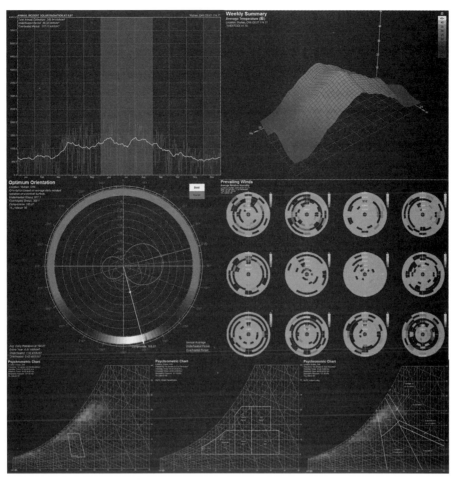

图 12　首义广场的气候及物理环境分析

4.2　植被塑造

A 区域是文化娱乐性广场，也具有交通疏导的功能。为了向人们提供了重要的户外活动空间，此区域的植被丰富多样，从草地到灌木到乔木，适应了不同的休闲功能。设置了大量的草坪以供公众停留，种植了大量乔木为户外停驻点遮阳，帮助人们释放工作、生活的压力，并吸引了一些流动商贩和儿童娱乐设施入驻。此区域也承担着组织和管理交通的功能，由前面的交通分析可知这里是人流集散的场所，因此在设计时要考虑到景观与人和交通的关系，进行合理的设计和安排，使交通线路明确化。考虑到这一层，A 区域广场的植被明显比同为文化娱乐广场的 C 区域更加注重导向性，大量运用排列式种植，植被高度等都有统一的指向性，颜色也较为丰富。

B 区域以纪念性功能为主，也是集会性广场，与纪念性博物馆紧密相连，植被稀少，没有活动的时候，尤其是夏日，鲜有人停留。绿地设计迎合了广场的纪念意义，绿化的主题形式比较统一。为了 B 区域的整体风格达到庄严、宏大、简洁的效果，B 区域这种纪念性广场的绿化选用了少量的植物和花木，进行与纪念性相协调的点缀和修饰，达到庄严、肃穆的气氛。同时作为集会性广场，其具有明显的轴线关系，植物绿化也遵循对称布局。综合上述考虑，整个 B 区域广场就以主体博物馆为中心，以松树等灌木为主配树种，周围以小型乔木作为点缀，从而构成功能、纪念互相统一的广场绿地系统。广场绿地未配置大量植被，多为水泥砖石等硬质铺地。

C 区域广场以娱乐性功能为主，它为周边的商场和居民区提供了休憩、进食、散步等日常活动的便利，因此该区域的植被不注重整齐性和指向性，树种丰富多样，大量运用集团式种植和自然式种植。由远及近呈现出不同的视觉感受。B、C 两个广场整体以一条轴线对称构图，营造了一种静态震撼力和秩序感。C 区域的植被丰茂，错落有致，观赏性好，但人气不足。其景观方面的原因应该是植被虽然丰富，但较为分散，没有大量的荫蔽处，也没有恰到好处的宽阔场地对小型集聚提供场地，令这里可以进行的活动类型受限。公众只好偏向于在傍晚和夜间在 C 区域进行一些遛狗、散步等持续型运动（图 13）。

图13 三个广场的植被塑造

4.3 公共设施

公共设施与身处广场中的人的行为也相互影响，设置越合理，得到的公众反馈越好，广场使用率相对上升，形成良性循环（表4）。研究小组对该区域的垃圾桶和座椅进行了调查（图14）。A 区域广场的垃圾箱和座椅分布有规律，且有多名清洁工维护垃圾桶及其周边的卫生环境；B 区域广场只有边侧的步道边设置密集；C 区域广场虽分布规则，但数量较少，且清洁工人数少。而当天 A 区域广场的人数最多，其中停留人数占比重较高，B、C 区域广场人数较少，其中穿行人数占多数。其中 B 区域广场人流主要停留在边缘的两侧。这个现象从一定程度反映了设施设置的区域与人流流动区域重叠的相关性。设施设置的最初设计一定是根据人群分布进行调整的，而且人群也在某种程度上受到了设施分布的影响[8]。

设施本身的性质也会影响空间使用，图15所示的为首义广场的全部座椅类型，黑点为人群分布情况。座椅设置的形式直接影响了空间的使用效率。比如，方型座椅是中性的，没有方向性，直接设置在路边，对交通的影响最小。圆形则设置在了 A 区域广场专门休息的林荫道中，座椅向内具有强烈的向心性，人群易聚集于此，进行集会等活动；向外则具有发散的活泼性，空间具有活力。

广场 A 区域的坐凳选择了轻柔、浅色调的材料，C 区域的座椅选择了厚重、深色调的材料。三个区域的地板材质也各有特点；A 区域为嵌砌卵石铺地和砖石铺地结合；B 区域为广场砖铺地，C 区域瓷砖铺地、木板铺地和混凝土砖铺地结合。公众停留的区域，设施材料多为木材、卵石等自然材料。休息区多采用此类材料吸引人群停留。集聚场所，例如 B 区域的广场，采用了气质冷硬的广场砖，以塑造严肃、宏大的气氛，除了夜间观赏喷泉等活动外，此区域多为穿行人流。

其他公共设置方面的不足主要体现在缺乏自行车停靠设施和娱乐运动设施。可从安置停靠设施入手，在广场入口区域开辟小型停车场，改进停靠方式，将自行车停车架改进为错位式、双层式和钢丝悬挂停车式，从而节约了占地面积，提高了空间利用率。此外，可对附近遮蔽物进行清理，以减少对光线的阻挡，如修剪长势过高的树木，清理杂乱生长的藤本植物等，考虑将坐凳与其他娱乐设施相结合，来提高休息设施的效能，也可以适当开放现有草坪，把现有草坪品种换为耐踩压的品种，让人们能够进入草坪玩耍。

此外，由于缺乏自由使用的空间，导致小型零售活动基本绝迹。这个现象可能是受制于B区域广场的纪念性目的。除了考虑增加小型商业活动，还可以考虑增设一些小型、可移动的售货机器和服务设施，例如贩售机、移动式卫生间等。

设施设置现状　　　　　　　　　　表4

区域	基础系统		交通系统		娱乐休息系统		其他	
	防护设施	照明设施	安全设施	服务设施	健身娱乐设施	休息设施	景观装饰设施	无障碍设施
A	多（护栏）	良好	步行道	候车点、地下通道	有	有（多）	少	无高差
B	少（护栏）	良好	步行道	地下通道	无	有（少）	无	无高差
C	多（护栏）	良好	步行道	候车点	无	有（多）	多（雕塑）	坡道

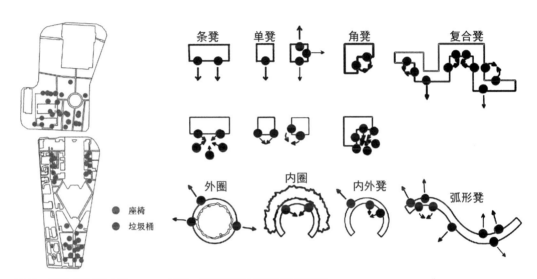

● 座椅
● 垃圾桶

图14　座椅与垃圾桶分布图　　　图15　设施形状对人群聚集的影响图例

5.结语

结合真实环境下的城市调研对于设计教学具有很好的辅助作用，一方面可以强化建筑学专业学生建构多维复杂的城市场所观，引导学生从城市角度观察理解空间和场地，通过主动观察来获得关于城市环境的一手资料；另一方面，可以训练学生从背景资料中提取有用信息，在调研中发现问题、生成概念、厘清思路、形成对策，培养学生团队协作的意识和能力，并转变为综合设计能力。此次基于城市广场的综合调研教学使得学生们对于城市复杂系统有了比以往更为深切的体会：一个区域的活力，不完全是"规定"能强制催生的。首义广场设计的初衷是营造一个纪念性的区域，在人性化和舒适性方面的考虑相对欠缺，但是由于地理位置和其他一些因素的加入，公众的休闲活动慢慢使得这片区域发生了改变，逐渐从一个单一职能的场所转化为一个多元混合的空间，这种积极融入城市的变化是自发且合理的[9]。在一个开放的系统中，系统的有序和无序处于一种动态的变化之中，当一个设计刚完成的时候，它可能是相对"秩序"的，也可能随着各种活动而使得"混乱"随之产生。找到秩序和混乱之间的平衡，通过周详的计划和人性化的反馈，才能更好地了解复杂的生活，理出清晰的设计逻辑。城市空间功能很少能一开始设定得非常完善，往往需要一边运行一边调整。因此，如何更好地利用现有的空间，补充最初设计遗漏的功能，让它更好地完成城市空间功能的职能，是在城市设计教学中需要进一步思考的课题。

（基金项目：国家自然科学基金资助项目，项目编号：51408442）

注释：

[1] 郭恩章. 对城市广场设计中几个问题的思考 [J]. 城市规划，2002，26（02）：60-63.

[2] 李欣. 城市空间形态与空间体验的耦合性 [J]. 东南大学学报（自然科学版），2015（06）：1209-1217.

[3] 孔祥伟. 被遗忘的角落——关于公共空间的探讨 [J]. 景观设计，2006（3）：16-19.

[4] Lorenz E N, Hilborn R C. The Essence of Chaos[J]. American Journal of Physics, 1995, 63 (48)：862-863.

[5] Marcus C C, Francis C. People places：design guidelines for urban open space[J]. E & Fn Spon, 1998.

[6] 刘英姿，宗跃光. 基于空间句法视角的南京城市广场空间探讨 [J]. 规划师，2010，26（02）：22-27.

[7] 严钧，赵能，梁智尧. Ecotoct 在建筑方案设计中的应用研究 [J]. 高等建筑教育，2009，18（3）：140-144.

[8] 卢新海. 园林规划设计 [M]. 化学工业出版社，2005.

[9] 韩冬青. 融入城市 强化内容 整合设计——关于文化建筑设计中几个问题的思考 [J]. 建筑学报，2012(07)：8-11.

作者：李欣，武汉大学城市设计学院　工学博士，讲师；李安红，武汉大学城市设计学院建筑系　本科生；方歆月，武汉大学城市设计学院建筑系　本科生；周林，武汉大学城市设计学院建筑系　本科生

城市空间与建筑整合设计的教学实验与思考

——基于华中科技大学城乡规划专业建筑设计课程教改

董贺轩　亢颖　胡亚男

The Teaching Experiment and Thinking of Integration Design between City Space and Architecture:Based on the Teaching Reform of Urban Planning Major Architecture Design Couse of HUST

■摘要：本文基于对华中科技大学城乡规划专业建筑设计课程教学的调查与分析，提出以城市空间生成为先导的建筑设计逻辑思维模式，对本科三年级学生进行了城市空间与建筑整合设计的教学改革试验，为推进我国城乡规划专业课程的空间基础训练及其教学改革提供了有益借鉴。

■关键词：建筑设计课程　城市空间与建筑整合　逻辑思维导控　城乡规划专业　华中科技大学

Abstract：Based on the investigation of urban planning major architecture design course of Hua-zhong University of science and technology，this study advised a reform strategy which is to design architecture based on the city place，and experienced the reform strategy through the architecture design teaching of third grade，the research provide the reference to push the course reform of urban planning teaching.

Key words：Architecture Design；the Integration between City Space and Architecture；Logical Thinking Control；Town and Country Planning Major；Hua Zhong University of Science and Technology

　　一直以来，我国城乡规划专业基础教育的主干课程包含建筑设计课，并且沿用建筑学专业的课程体系。以华中科技大学建筑与城市规划学院的城乡规划专业建筑初步与建筑设计课程为例，一年级的建筑初步与二、三年级的建筑设计，分别是用来引导学生学习空间及其功能组织的重要基础课程，其教学目标、内容设置以及教学方法几乎与建筑学专业的相应课程设置一致，在培养城乡规划专业学生建筑设计能力的过程中起到了重要作用。

　　但是，经过三年时间的观察与深入调查分析发现，华中科技大学城乡规划专业学生进入四年级面向城市设计课程学习时，存在三个方面的问题：第一，由建筑设计转向城市设计，缺失一个合适的过渡阶段，突然面对大尺度城市空间而感到无所适从，既不了解城市空间的构成要素，也不熟悉城市空间的生成过程；第二，学生对城市空间设计的思考存在深度缺失问题，特别是对城市节点与细部设计，存在城市空间意向模糊与结构松散的问题；第三，学生思考城市设计问题，以自上而下逻辑性思维方式为主，缺乏一定的自下而上的创造性思维方式作为补充与辅助。

上述三个方面的问题，均与城乡规划专业低年级建筑设计课学习阶段的设置未能进行大尺度空间设计有紧密关系。建筑设计课程是培养城乡规划专业学生空间形态与功能组织能力的重要课程，也是低年级城乡规划专业学生接触空间设计的唯一课程。针对城乡规划专业的特点与具体需要，如何对建筑设计课（特别是三年级最后一次建筑设计课程）教学模式进行优化与调整，担当"承上启下"的重要作用，这是值得深思的问题。

为应对上述需求，从课程教学与学生反馈两个方面，针对我院城乡规划专业的建筑设计课程教学状况，在2014年进行了跟踪观察，2015年完成调查与评估，提出了教学改革措施，并于2016年秋季进行了部分教学改革试验。

1 调查分析：建筑设计与城市空间设计进行一体化教学的必要性

1.1 调查与分析方法：资料、问卷与结构方程分析

2015年秋季，针对华中科技大学城乡规划专业的现有教学模式，从课程设置与教学效果两方面进行了调查研究，对课堂学习内容、作业时间安排、课程作业内容、教学效果与学习态度五方面及其相互关联模式进行了分析。

具体方法是：首先，对原有建筑设计课程的教学任务设置进行调查，分析其中教学目的、内容及安排与城市空间训练之间的关系；其次，以二、三、四年级规划专业150位学生为调查样本，进行上述五个分析内容的问卷调查，每项内容设置4个问题，共20个问题作为观测变量取得相应参数（表1）；再次，根据调查样本参数结果，分别评价二、三、四年级的建筑设计课程教学状况，并对三者进行比

调查问题 表1

类别	问题	答案
授课内容	1 您对讲授建筑本身方面知识的接受度和感兴趣度总体评价	A 很不感兴趣　B 不感兴趣　C 一般　D 感兴趣　E 非常感兴趣
	2 您对于讲授城市与建筑关系方面知识的接受度和感兴趣度总体评价	A 很不感兴趣　B 不感兴趣　C 一般　D 感兴趣　E 非常感兴趣
	3 您对于讲授建筑技术方面知识的接受度和感兴趣度总体评价	A 很不感兴趣　B 不感兴趣　C 一般　D 感兴趣　E 非常感兴趣
	4 您对建筑设计课程授课内容的总体满意度	A 很不满意　B 不满意　C 一般　D 比较满意　E 非常满意
设计任务书任务时间	5 设计任务书中的时间节奏（每周的任务进度安排）是否适合	A 很不适合　B 比较不适合　C 一般　D 比较适合　E 非常适合
	6 对于建筑设计任务书中7周的设计时长的评价	A 很差　B 较差　C 一般　D 比较好　E 非常好
	7 如果设计时间延长到10周是否合理	A 很差　B 较差　C 一般　D 比较好　E 非常好
	8 如果设计时间压缩到5周是否合理	A 很差　B 较差　C 一般　D 比较好　E 非常好
设计任务书具体任务	9 建筑设计任务书中要求设计的建筑类型您是否感兴趣	A 很不感兴趣　B 比较不感兴趣　C 一般　D 比较感兴趣　E 非常感兴趣
	10 建筑设计任务书中的建筑面积规模您是否觉得适合于您	A 很不适合　B 比较不适合　C 一般　D 比较适合　E 非常适合
	11 在建筑设计任务书中加入城市与建筑关系内容是否更有利于您的学习	A 完全不利于　B 比较不利于　C 一般　D 比较有利于　E 非常有利于
	12 建筑设计任务书中的任务目标您是否能够完成	A 完全不能　B 比较勉强　C 一般　D 比较好完成　E 非常好完成
教学效果	13 与其他课程相比，您对通过建筑设计课程提高自身综合能力的评价	A 很差　B 较差　C 一般　D 比较好　E 较好
	14 建筑设计课的教学效果与开课前您所期望的水平差别大小	A 差别很大　B 差别比较大　C 一般　D 比较好　E 非常好
	15 建筑设计课中，您能够完成学习目标的程度评价	A 很差　B 较差　C 一般　D 比较好　E 较好
	16 您对建筑设计课教学效果的总体满意度评价	A 很差　B 较差　C 一般　D 比较好　E 较好
学习态度	17 您学习建筑设计课程的动力程度自评	A 很差　B 较差　C 一般　D 比较好　E 较好
	18 您在课堂上课的专心程度自评	A 很差　B 较差　C 一般　D 比较好　E 较好
	19 对于建筑设计课的课程设计任务完成情况自评	A 很差　B 较差　C 一般　D 比较好　E 较好
	20 您对于建筑设计课上课的兴趣自评	A 很差　B 较差　C 一般　D 比较好　E 较好

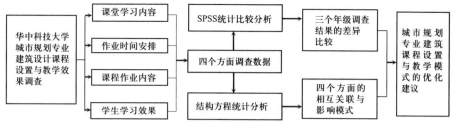

图1 调查分析框架

较分析；最后，采用结构方程分析方法，找寻规划专业建筑设计课程的课堂学习内容、作业时间安排、课程作业内容、教学效果与学习态度五方面的关联与影响模式（图1）。

1.2 调查结果及其分析：城市空间介入建筑设计的必要性

首先，对包括展示中心、小学、住宅、汽车站及博物馆在内的5个建筑设计作业进行了调查，归纳得出以下四个方面：①建筑设计课的教学目的完全以熟悉某种类型建筑的功能与形态设计为核心；②设计任务是完成建筑的功能与空间布局设计；③建筑设计成果呈现以建筑总平面、平面、剖面及建筑造型四项内容为主体；④教师的授课内容主要包括两部分，一部分是建筑本体的功能、空间及造型设计，另一部分是与总平面设计相关的内容，虽然对象是户外场地，但仅仅涉及建筑户外交通及部分景观设计，如场地出入口、车行道路及停车场等的布局设计，并不是对空间场所进行塑造。由此可知，学生在建筑设计课程学习过程中，极少有机会触及户外城市空间及其场所的设计内容。

其次，根据150份问卷调查数据，得出如图2所示的统计结果，柱状图中数据柱表示学生对于相应问题的认可度，分为二、三、四年级三个数据组。从统计结果来看，有以下三个状况值得思考：①对于问题2与问题11，三个年级的得分值均最高，说明城乡规划专业学生已经对建筑设计中城市问题进行了关注，并希望通过建筑设计课程来了解和学习建筑与城市环境的关系；②对于课程进度安排，把时间延长或缩短均没得到高度认同，说明原有建筑单体设计的进度计划与任务要求之间比较协同；③从问题13、14、15、16调查统计结果可知，四年级学生对于目前建筑设计课程的期望落差较大，感觉通过目前的建筑设计课程的学习并没有达到自己的预期目标，这是因为从中得到的知识与自己专业的实际需求存在一定差距，究其原因是前期阶段建筑设计课程与城市设计课程之间存在知识脱节。

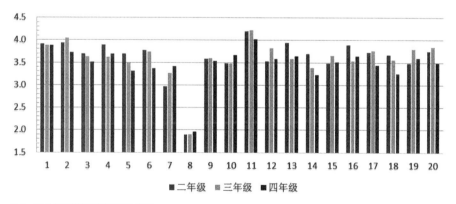

图2 三个年级调查问卷结果柱状图

再次，从图3结构方程模型可以看出，在建筑本体、城市与建筑关系、建筑技术、建筑类型这四项内容中，对城乡规划专业学生学习动力与兴趣影响较大的是建筑本体、城市与建筑关系这两方面，影响决定系数分别达到0.83与0.72。因此，在建筑设计课程设置体系与教学模式中，建筑知识与城市问题是影响教学效果的两个主要因素，总的关联方式是：建筑与城市两方面授课内容的灌输可以大大提高学生的学习动力，进而高强度地影响建筑设计课程教学效果的总体满意度，同时也影响城乡规划与设计专业设置建筑设计课程价值意义的高低。

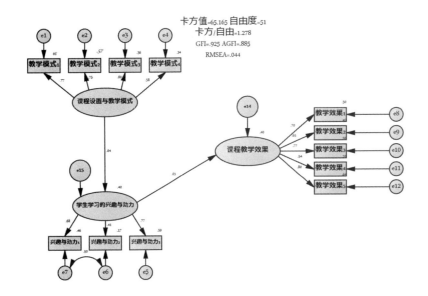

卡方值=65.165 自由度=51
卡方/自由=1.278
GFI=.925 AGFI=.885
RMSEA=.044

图3　调查结果结构
方程分析

1.3 建筑设计课程设置与教学模式的改革调控策略：城市与建筑整合的设计思维培养

基于以上调查分析结果可以看出，加强城市与建筑整合的知识灌输与设计思维培养，应是城乡规划专业建筑设计课程设置与教学模式的调整方向之一。所以，针对华中科技大学城乡规划专业建筑设计课程的教学，提出以下循序渐进式改革策略。

首先，课程设置内容。①一年级建筑初步课程设置，增加关于城市空间构成与形态肌理的训练内容，加强城乡规划与设计专业学生对于大尺度空间与形态的认知与感知基础。②二年级建筑设计任务中，增加建筑与邻近建筑关系（包括功能关系与空间关系）处理的设计要求，导控学生注意建筑与周边环境的关系整合问题，以及建筑与建筑之间的空间组织问题。③三年级建筑设计任务中，在建筑设计任务要求基础上，增加城市小范围区域或者节点的设计要求，加强学生对建筑与城市空间关系的处理能力，增强城乡规划专业学生关注城市空间组织以及功能关系的主观意识。

其次，教学时间安排。一年级可仍然采用目前的时间进度计划，二年级与三年级，进入建筑设计阶段，有以下选择方案：①继续保持目前每个设计12周或者13周的总时间段，但宜将两个完整的大设计改成一个设计任务或者"一长一短"两个任务；②如果是一个大设计任务，可以将其分成两个阶段（第一个阶段为城市空间设计，布置有关建筑与周边城市环境关系处理的任务；第二个阶段是建筑设计，选取第一阶段中构建城市空间的某一建筑，并关注建筑内部空间与外部空间的关系以及建筑本身的空间与功能关系问题）；③如果采用"一长一短"两个任务，第一个任务则加强学生对于建筑与城市环境关系的调查分析能力，可采取调查报告的形式进行学习，也可针

对建筑所处地块，设置一个小范围的城市节点设计，第二个任务则衔接第一阶段的成果，在第一阶段成果所限定的建筑条件（如建筑不可变红线）基础上进行建筑设计。

1.4 小结

总体来讲，华中科技大学城乡规划专业建筑设计课的教学改革，需加强城市环境的介入力度，基于二、三、四年级学生对于城市空间的关注度与兴趣度特征，应采取建筑设计与城市空间设计一体化教学的模式，以及循序渐进式的城市空间介入方式。

2 城市社区商业空间及其建筑的一体化设计：以城市空间为先导的建筑设计教学改革试验

华中科技大学城乡规划专业三年级建筑设计课程，是城乡规划专业学习接触建筑设计的最后一次机会，也是检验与提升学生对空间把控能力的核心课程，更是由建筑设计学习向城市设计学习过渡过程中担当"承上启下"作用的课程。这个阶段，学生既掌握了一定的建筑空间与功能组织的能力，又具有思考城市环境对建筑设计作用的冲动。所以，2016年秋季，根据前述调查与调控策略构想，教学改革选择了三年级课程进行了如下实验[1]。

2.1 城市空间介入建筑设计——教学任务及其实施

首先，设置作业题目及课程教学目标。课程作业题目为"城市社区商业空间及其建筑设计"。教学目标主要包括两项：第一，基于社区商业空间与商业建筑的设计过程，掌握城市公共空间与建筑的一体化设计方法；第二，通过思考城市社区日常活动与商业空间及其建筑的关联模式，熟悉城市公共空间与建筑的耦合规律（表2）。

	课程设计任务书主要内容　　　　表2
类别	内容
教学目标	城市商业空间是城市人居环境具体形式之一，也是城市商业、休憩娱乐、交通等多种城市活动的场所载体。城市社区商业空间更是居民日常生活的场所之一。思考城市社区商业空间如何应对与满足居民日常生活的需求应是当今城市设计创作的重要目标之一。 1. 学习城市空间设计的创作过程； 2. 熟悉城市社区商业空间及建筑的功能与形态的组织关系； 3. 探讨社区商业、休闲及出行等日常活动与商业空间的关联模式
任务概述	在武汉汉阳区王家湾玫西社区内，拟更新改造已有的商业街。目前该地块分为A、B两个部分，为开放式居住街区，建筑以多层住宅为主，功能以居住、商业及餐饮娱乐为主，并且已经自发形成了两条商业街。社区东临龙阳大道，北有玫瑰街，西为玫瑰园西村居住，南部则邻接汉阳大道与王家湾地铁站。 设计任务包括两部分：一、社区商业街更新改造设计；二、自行选取城市设计方案中约1500m²（±10%）的商业建筑进行设计
设计原则	1. 突出商业空间的特色主题理念； 2. 强化社区功能的空间整合策略； 3. 彰显城市环境的日常生活意识
设计要求	1. 城市设计范围综合控制指标。总用地面积：2.9hm²；容积率：根据调查与设计分析自定；建筑面积分配、建筑密度、绿地率及限高等根据方案实际情况自行策划与拟定；除保留B地块原有住宅之外，现有的商业建筑与其他设施均可根据需要进行拆除、更新或改造，主要功能包括商业、休闲娱乐，以及少量特色酒店、旅馆及非机动停车等功能。 2. 构建符合当代生活及发展前景的商业与居住相整合的空间模式。 3. 探讨在当今存量型城市规划与建设需求下城市社区的更新与设计方法。 4. 考虑空间环境之间的关联，包括商业街与邻近居住、轨道交通、城市商业中心等环境的功能布局关系、空间形态关系、城市活动关系等

其次，安排具体任务。武汉汉阳区王家湾玫西社区内（图4），拟更新改造已有的居住商业街区，具体包括两部分：一、社区商业街更新改造设计；二、自行选取城市设计方案中约1500m²（±10%）的商业建筑进行设计。设计原则及设计要求均以彰显城市社区公共商业空间环境优化为主要目标与特色，在此基础上重点关注商业建筑与城市商业空间的耦合关系。

第三，教学计划及其实施。具体实施步骤包括以下三个阶段：①意识转换——优先开设城市商业空间设计的专题讲座，并讲授住宅及商业建筑在构建城市社区商业空间中的角色与作用，增强学生建筑设计中的城市场所意识；②调查感悟——带着城市社区商业空间使用与体验目的进行实地调查，基于环境行为心理学，重点认知与领悟城市空间使用与建筑之间的相互影响关系，并发现与建筑使用相关联的城市商业空间布局问题；③城市空间导控下的协同设计——以城市社区商业公共空间为先导对象进行设

图4　武汉汉阳区王家湾玫西社区地形图

计，一方面将商业公共空间的要求（如空间界面）作为建筑设计必须遵守与主动配合的条件，另一方面也将建筑周边的商业公共空间作为商业建筑设计的对象，城市商业公共空间设计与建筑设计之间进行协同式的同步思考，并将二者协同程度作为学生作业质量的重要评价标准。

另外，与以前单纯的建筑设计任务相比，虽然没有刻意增加工作量，但学生工作内容相对扩展，为了在有限的时间内取得完成度较高的教学成果，并培养合作精神与工作能力，采取了12人一大组、2人一小组的合作模式。

总之，上述教学任务及其实施计划，始终贯彻一条主线：城市空间积极介入建筑设计的整个过程。

2.2　城市空间与建筑整合设计逻辑思维导控——教学过程中的难点及其应对

三年级大部分学生认为建筑设计仅是对建筑本身内部空间、形态及功能的组织设计，并没有将建筑户外空间作为建筑设计的对象，反而将之作为一种限制要素。所以，如何把控学生对于城市空间与建筑设计之间关系的思维状态，针对认知"跑偏"的现象与问题进行及时调整，是课程教学过程的重点，也是难点所在。

（1）具体的教学难点。在整个课程的实际进程中，遇到的教学难点主要有以下几个方面：①前期阶段，很难将城市社区商业空间与商业建筑的整合设计理念进行灌输；②中期很难把握城市社区商业空间设计与商业建筑设计之间的思维时序；③后期深入阶段则很难将前期城市空间的问题考虑运用到建筑设计之中，往往又重新陷入纯建筑本身的问题思考，建筑设计疏离了对城市社区商业公共空间的能动作用。

图 5 "鲁宾杯"画作
图片来源：作者据鲁宾画作改绘

（2）教学难点的应对。针对第一个难点，授课内容首先强调城市人居环境的生成途经与构建要素，使学生意识到包括建筑、景观及市政在内的城市人居环境构成要素之间，是相互支撑与依赖的关系，如"鲁宾杯"所示原理（图5），建筑界面（如墙体）的出现同时生产了两种空间——户外空间与户内空间，并通过实地调研，观察城市社区商业空间及其使用活动与建筑之间的关联（图6），以此灌输与消化建筑设计的城市空间生产理念。对于第二个难点，为防止学生失去对城市社区商业空间的把控能力，强制采取了先设计社区城市商业空间、后

弹性空间

商业空间设计
COMMERCIAL SPACE DESIGN

城市设计

武汉汉阳王家湾玫西社区为1990年代建造的开放式居住街区，建筑以多层住宅为主，功能以居住、商业及餐饮娱乐为主，且已经自发形成了两条商业街。

玫西社区的区位十分优越，地处武汉市汉阳区王家湾中心区，东临龙阳大道，北接玫瑰街，南部临接汉阳大道与王家湾地铁站。在龙阳大道及汉阳大道与玫西社区相对的位置均建有大型的商务商业综合体，此外，大量公交线路、地铁3、4号线在此交会，玫西社区的发展潜力可行一斑。

在两次实地调研中，我们发现玫西社区的现状存在诸多不足。
1）商业与居住流线混乱，互相影响
2）停车位远不能满足需要，商业占地过大导致大量公共休闲区域被侵占，公共活动空间严重缺失
3）住宅之间加建的平房对防火安全造成一定隐患
4）商业需求场所增长过快，现有场地无法满足需要
5）公共交通带来大量人流，影响社区原生生态

调查结果
Analyzing Survey Results

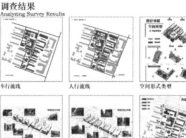

车行流线　　人行流线　　空间形式类型

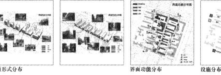

界面形式分布　　界面功能分布　　设施分布

图 6 王家湾玫西社区城市空间及使用的调查分析成果

交通流线　　停车分布　　驻留分布

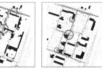
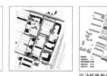
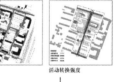

商业活动分布　　休闲活动分布　　活动转换强度

项目区位

地块现状

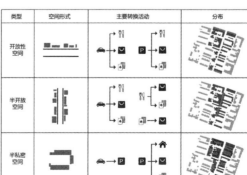

交通活动 ——— 驻留活动 ——— 交通活动

类型	空间形式	主要转换活动	分布
开放性空间			
半开放空间			
半私密空间			

🚗 交通　P 停车　🍴 餐饮　🎮 娱乐　🛍 商业

设计邻接商业建筑的时序要求（图7），明令禁止先设计建筑、后设计建筑周边城市商业空间。第三个阶段中，除了让学生充分发挥建筑商业空间本身的构思能力之外，还强调建筑户内的商业空间布局对户外商业空间使用的影响，使学生意识到二者之间的交互作用在设计中应用的重要性。另外，特别指出的是，在第二个阶段，插入了一个小型专题训练：让学生带着"线条代表的是空间限定界线，而非墙体、树木等实体要素的限定界线"的意识去设计社区商业空间，首先图纸上只有空间而没有任何实体，然后再进行实体要素填充，以此强力扭转学生固有的以实体为设计对象的意识习惯，对强化以城市空间为核心的设计训练起到了巨大作用（图8）。

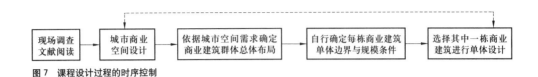

图7　课程设计过程的时序控制

图8　以城市空间为先导的设计方法

3　树立城市空间与建筑整合设计观念——教学改革实验成果的评估

按照上述改革措施，经过半个学期的努力，华中科技大学城乡规划专业三年级较为完整地执行了教学改革计划，取得了完成度很高的成果。下面从作业评价[2]与学生反馈[3]两个方面来检验教学改革的效度。

3.1　老师对作业成果的评价

从图9中6份具有代表性的学生作业来看，教学取得成果与存在的问题有如下几个方面：①学生基本全部具备建筑设计的城市环境观念，每份作业中的商业建筑布局，均依据前期城市商业公共空间的设计布局来进行思考；②从设计表达来看，学生作业的建筑意象展现不再只专注于建筑要素本身，增强了建筑与周边城市环境关系的表现，包括尺度关系、形式关系及至功能关系等；③每份作业均增强了基于环境及其使用的城市空间生成逻辑的表达，说明学生在建筑构思创作过程中，已经将城市空间环境作为建筑生成的能动因素，而不再是一种限制或障碍条件。

但是，虽然多数学生已经具有建筑与城市空间的整合设计理念，但在具体细部设计方面，还缺失一定的强化意识。比如作业a中，建筑外墙如何为构建城市空间界面而设，建筑体量如何进一步优化调控城市微型商业空间尺度，以及建筑意象如何丰富城市商业空间景观等方面，均没有给出具体的思考与呈现。另外，如作业c一个一直困扰建筑设计教学的问题依旧存在，即学生在设置建筑出入口时，仅仅顾及建筑本身的交通需求，而忽视户外空间构建与使用的需求，尤其是欠缺建筑出入口使用与邻近城市商业空间的耦合作用关系思考。

3.2　学生对课程学习的反馈

首先，从45位同学的问卷调查反馈（图10）来看：①较于2015年三年级的调查，2016年的问题得分总体提高，并更趋于平衡，说明教学改革绩效整体得以提升；②问题2、11得分仍旧相对较高，说明2016年三年级同学对改革课程中建筑与城市空间整合设计的内容非常认同，并且问题20反映出学生对改革课程的兴趣得到了提升；③相对2015年的调查结果，问题7得分高于问题6，说明课程总体时间安排应该10周左右为宜，而不是以前的7周或者13周。

其次，从一个小组同学访谈结果（表3）来看：

作业a

作业b

作业c

作业d

图9 2016三年级其中一
组6份学生作业（一）

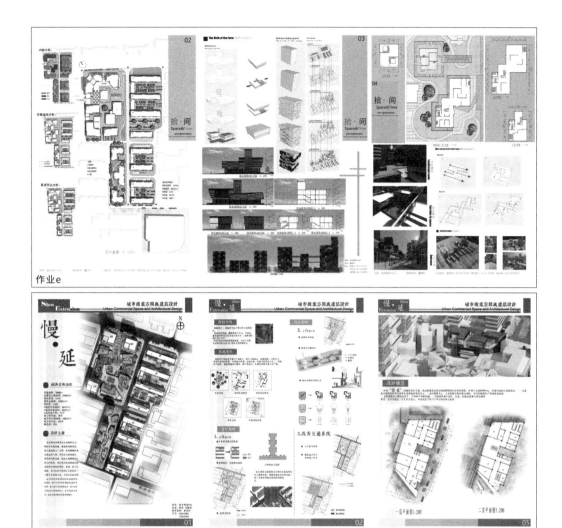

作业e

作业f

图9　2016 三年级其中一组 6 份学生作业（二）

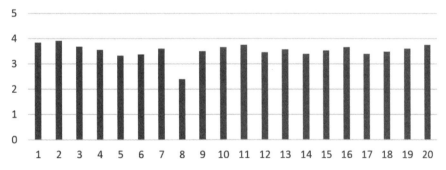

图10　2016 年调查问卷结果柱状图

第一，学生对增设的课程任务内容感觉有些无所适从。①对城市与建筑二者之间空间关系的理解存在严重缺失，所以对设计任务的初始认知也存在偏差，如认为城市空间设计应该由景观设计去完成。②对设计任务中增设的关于城市空间与使用的调查内容，不是太清楚其目的性，对其调查与分析方法更是有些茫然，如对试用类型学方法来分析城市商业空间及其使用方式，不是太明白二者之间的关联。对于即将转入城市空间资源利用思考的城乡规划专业三年级来讲，这是一个较为严重的问题。

第二，面对建筑设计在城市空间方面的拓展内容，学生在设计要素关系考虑以及时间安排上，存在茫然与混乱的现象。例如，"在后期设计中我常常感到有些顾此失彼，当我注重于商业建筑空间设计的时候对街道的设计不够充分，而当我后期进行外部空间设计时对建

类别	内容
设计任务的认知	在课程进行之前，关于空间我认为有两种：一种是建筑内部的空间结构，一种是城市街道、广场等外部空间。关于建筑设计和城市空间之间的关系我不曾仔细推敲过，只是觉得建筑之外的空间大概就是城市空间。而这部分空间往往是无法进行规划的，或者说这应当是景观设计师的任务，与建筑师和规划师没有太大关系。故当老师要求我们对城市外部空间设计时，我一直认为我是在做一个景观作业。 与之前的课程一样，此次课程设计任务书包括设计要求、图纸内容等。不同之处更多：一是设计内容从单体建筑走向城市空间，对于从来没有接触过这样大尺度空间设计的我们来说，入手起步时需要很多时间；二是这次任务书包含了极其细致的调研纲要，也就是说这次课程在前期调研方面十分注重，这是在前两年的课程设计中一直忽略的一点。也正是因为如此，我们才开始深入了解到前期调研的内容及其重要性
学习过程感受	在课程的开始我们对于"空间""类型学"这些名词的理解还是比较匮乏的，后来经过一些实践与老师的交流，慢慢有了自己的认识，但其实还不能理解透彻。 在做前期调研时，老师要求我们调研人的行为活动，包括任务书上要求需要调研交通、商业、休闲、交往活动。在我看来，这些活动是极难区分的，这些活动总是在同时进行并且不断变换中，当我在试图记录并用图示内容来表达这些活动时，我总是感到力不从心，不知道自己是否将其区分清楚，也不知道是否达到了老师的要求，甚至有点想不清楚做这些的目的。而在调研后期，我开始静下来思考，并且通过老师的指导和与学长、学姐的交流，我知道了我一开始的想法不无道理，这些活动确实是不断变换的，而我们要做的正是寻求这些转换发生的理由，并且在后期设计中继续推行这些"理由"，改善优化之。这时我才了解到前期调研的真正意义。后来在自己的设计中也都实时考虑着怎么样的设计才是真正的设计，而不是一个简简单单的、漂亮的方案。而能够对此进行评价的正是"人的活动"，通过何样的设计，能够保留住户活动发生的"理由"，并且激发出更多的城市社区活力。在作业成果中，我试图将其表现出来，但似乎由于自己出图时间不够充裕，最后没有很好地展现在图纸中。这是自己在时间安排上的不当。 并且在后期设计中，我常常感到有些顾此失彼，当我注重于商业建筑空间设计的时候，对街道的设计不够充分，而当我后期进行外部空间设计时，对建筑设计的推敲又不够深入。并且在整个地块的设计中，很明显地偏向于西北部地块的设计，其余地块不能够很好地深入，这也让我感到遗憾
课程学习展望	如果再有此课，我想我还是应当花同样多的时间进行前期调研，对自己的设计有一个明确充分的理念，同时也要在后期设计中不断沿袭这个理念，并且要合理安排出图时间，在最终成果上将自己的想法完整地表达出来。 关于课程本身，我认为这门课是我们真正跨入城市规划专业的一个过渡阶段，包括对城市空间的理解，对社会行为的考察，以及对前期调研的理解等，这实让大三的我受益良多。然而毕竟是第一次接触，有时会因为一步想不清楚而陷入牛角尖，希望老师今后能够开展专题式授课，这样能够加快同学们的认知情况

筑设计的推敲又不够深入。并且在整个地块的设计中很明显地偏向于西北部地块的设计，其余地块不能够很好地深入，这也让我感到遗憾"。

第三，通过课程学习，学生较好地转换了建筑设计思维方式及其自我评价准则，不再仅以建筑造型的美学标准去思考建筑设计及其考量，而是开始转向了基于空间使用行为需求的空间构建。例如，"后来在自己的设计中也都实时在考虑着怎么样的设计才是真正的设计，而不是一个简简单单的、漂亮的方案。而能够对此进行评价的正是'人的活动'，通过何样的设计，能够保留住户活动发生的'理由'，并且激发出更多的城市社区活力"。

3.3 树立城市空间与建筑整合设计观念——教学改革实验成果的评估

面向建筑与城市空间整合设计的逻辑思维导控需求，基于师生双方对课程教学与学习的评价及反馈结果，课程教学还需从以下几个方面进行进一步优化：①在一、二年级，应适当强化学生城市空间环境观意识，以增强与三年级教学之间的连续性，推动三年级学生的建筑设计对城市空间环境考虑；②在课程进行过程中，宜增加一些关于城市空间形态与使用分析方法的小型专题讲座，并结合课程时间安排循序渐进，以及时消除学生在城市空间认知方面的断崖式阻力；③除了对学生灌输建筑设计与城市空间的关联理念之外，还应加强学生对建筑界面与城市空间进行具体整合的设计能力。

4　结语

建筑与城市公共空间的耦合关系是城市空间环境动态发展中的重要关注内容[4]。生产城市空间是建筑设计的另一半任务，建筑设计应从城市空间的"被动预留"变成对城市空间的"主动设计"[5]。建筑师与城乡规划设计师宜具备整合建筑与城市空间的素质与能力[6]。

当今，我国城市处于存量建设时期，生活空间环境的优化与建设也进入微更新阶段，既需要加强城市设计专业人才的培养，也需要建筑设计师担当起优化与调控微型公共空间的任务，人居环境领域的学科交叉显得尤为必要，城乡规划与建筑设计之间的教育如何进行整合，是目前值得深思的问题。

对于城乡规划专业建筑设计课来讲，城市空间环境需求下的建筑设计教学应是其主导思想，以城市场所界定建筑单体乃至户内空间应该灌输于学习过程的每个阶段。城乡规划专业建筑设计课程教学不仅需要培养学生建筑设计的城市环境意识，更要让学生树立一个观念：建筑设计包括户内空间与户外空间两个平等的对象，户外空间并不是建筑设计的附带内容，更不是限制条件。

所以，作为城市设计人才培养的主力专业之一，城乡规划专业教育如何加强建筑设计这一主要基础课程的空间训练，并与城市空间设计进行拓展整合，是目前城乡规划专业建筑设计课程改革面对的一项重要任务。以建筑与城市空间整合设计逻辑思维导控为主要思路，华中科技大学城乡规划专业三年级建筑设计课程的教学改革试验，为应对上述问题及需求提供了借鉴。

(基金项目：教育部人文社会科学研究规划基金，项目编号：16YJA840002)

注释：

[1] 学生为 2015 年秋季的二年级同学。

[2] 选择其中具有代表性一组的 6 份作业，最后成绩分属相对高、中、低三档范围，其中一份优秀作业参加"U + L"国际会议学生设计竞赛，取得了二等奖。

[3] 采取与上述调查相同的调查方式、问卷内容及分析方法，以做客观比较分析。

[4] 孙彤宇．从城市公共空间与建筑的耦合关系论城市公共空间的动态发展 [J]．城市规划学刊，2012 (09)．

[5] 董贺轩，刘乾．生产城市微型公共空间——建筑设计的另一半使命 [J]．新建筑，2016 (12)．

[6] 卢济威．论城市设计整合机制 [J]．建筑学报，2004 (01)．

作者：董贺轩，华中科技大学建筑与城市规划学院　副教授；亢颖，华中科技大学建筑与城市规划学院　本科生；胡亚男，华中科技大学建筑与城市规划学院　硕士生

美国高等教育中的城市设计专业教育及启示

陈闻喆   顾志明   王江滨

Urban Design Education in Higher Education in the United States and its Significance

■摘要：伴随城市规划和城市设计行业的飞速发展，我国当前在城市设计方面的专业技术人员相比城市规划或建筑学来说，仍存在短缺，因此国内开始注重城市设计专业的建立。作为近年来从西方引进的一门现代学科，我国城市设计的理论和学科发展起步较晚，因此对其来自于西方的学科起源和学科发展的认识，以及对海外高校的城市设计教育的现状进行研究，将有助于我国城市设计的学科教育和实践。基于此目的，本文针对美国高等教育中的城市设计学科发展现状的概况进行了介绍和分析，同时基于QS学科专业排行榜等国际教育行业统计数据，对城市设计的学科发展现状、专业设置、教学目标、课程内容等进行比较和分析。其中重点选取了三所具有代表性的美国高校作为案例分析，以期对国内城市设计专业的设置和培养方案设计有所指导。

■关键词：城市设计 高等教育 专业教育 QS 排行榜

Abstract：With the rapid development of urban planning and urban design industry, there is short of professional talents in urban design in our country. As a modern discipline introduced from the West in recent years in China, the urban design started late in the theory and the scientific development of the urban design. Therefore, it is helpful to study the current situation and subject development of the western countries, and to study the current situation of urban design education in overseas universities, which will contribute to the subject education and practice of urban design in China. Based on this purpose, this paper introduces and analyzes the current situation of the development of urban design disciplines in American higher education, and analyzes the status quo, professional setting, teaching objectives and course contents of urban design based on the statistics of international education industry, such as QS disciplines. Taking the three representative American colleges as a case, this paper hopes to guide the establishment and cultivation of urban design in China.

Key words：Urban Design；Higher Education；Professional Education；QS Ranking List

1.引言

城镇化在改革开放后的快速发展，使许多城市问题慢慢出现在大家的视线中。根据2015年年末最新统计，我国的城镇化率为56.1%，而这是从我国改革开放后仅17%的城镇化率发展而来，并且在2011年城镇化率首次超过50%[1]。在如此快速的城镇化进程中，我国城市问题也开始凸显，许多城市由于出现大规模环境问题而开始对城市环境物质空间的塑造和设计提起重视，再加上城市管理者和决策者认识到环境塑造对一个城市的经济和发展的极端重要性，以及人们对自身所处城市的空间环境和景观质量的高要求，城市设计在城市建设中的地位越来越被人们所关注。这种情况对我国城市规划（Urban Planning）设计的能力和城市承载力也提出了新的要求，对我国现阶段的城市规划以及建筑学的相关教育也提出了新的挑战。2015年年底，在北京召开的"中央城市工作会议"中，提出了"要加强城市设计，提倡城市修补，加强控制性详细规划的公开性和强制性。要加强对城市的空间立体性、平面协调性、风貌整体性、文脉延续性等方面的规划和管控，留住城市特有的地域环境、文化特色、建筑风格等'基因'"，把我国城市建设中城市设计的地位提高到了战略水平。城市设计作为一个古老而又新兴的学科越来越被广大的城市规划师、城市管理者和学者关注，而我国当前在城市设计方面的专业技术人员相比城市规划或建筑学来说，却仍存在短缺。在此背景下，城市设计的专业教育在我国高等教育中也开始作为一个迫切的需求被提上日程。

与此同时，欧美国家由于其城市建设意识的独特性，城市设计教育的发展也较为超前。作为城市设计教育的大国，美国的城市设计专业不论是从开设院校的数量还是从教学质量上看，都处于世界领先水平。中国的高等教育急需跟上时代的步伐，而研究欧美和亚洲发达地区城市设计高等教育现状，向高水平的地区汲取长处，有利于提高我国高等教育水平，为我国的城镇化建设提供优质的人才储备。

2.城市设计的定义与学科发展

2.1 城市设计的概念界定

关于城市设计（Urban Design，简称UD）的定义，是基于不同学科、专业和社会背景有不同的定义。《中国大百科全书（建筑、园林与城市规划卷）》"城市设计"条目定义为："城市设计是对城市体形环境所进行的设计。"[2]《简明不列颠百科全书》解释"城市设计"为"对城市环境形态所做的各种合理处理和艺术安排"，也强调城市的三维空间特性。在《城市规划原理》一书中，将城市设计的定义概括为"根据城市发展的总体目标，融合社会、经济、文化、心理等主要元素，对空间要素做出形态的安排，制定出指导空间形态设计的政策性安排"[3]，着重于城市设计学科的综合性和复杂性在空间形态上的布局和安排。王建国在《城市设计》一书中，通过对不同的城市设计的综合分析，将"城市设计"的定义解读为"城市设计是与其他城镇环境建设学科密切联系的，关于城市建设活动的一个综合性学科方向和专业。它以阐明城镇建筑环境中日趋复杂的空间组织和优化为目的，运用跨学科的途径，对包括人和社会因素在内的城市形体空间对象所进行的设计研究工作"[4]。吴良镛先生认为，城市设计是将建筑、景观、规划三者的有机结合，强调城市设计学科的综合性和复杂性，以及对整体城市空间的指导。

2.2 城市设计的学科发展概述

城市设计是一门古老而又年轻的学科[5]。说其古老，是因为最早的城市设计要追溯到两河流域的人们沿河而居，依据河流的走势来建造自己的家园。其后，随着人类聚居规模的不断扩大，管理者们有预谋地将城市进行划分，以当时的经济实力、战功、审美等多种因素来建造城市。城市设计这门学科就在这种情况下，慢慢开始萌芽。后来随着人们对于城市的认识不断增加，对于城市规划的理解不断加深，城市设计作为城市规划的一个学科方向进入了高校的教育体系。

说其年轻，是因为虽然城市设计的思想从很早就开始出现，但是人们并未从众多的学科中把它分离出来，一直到19世纪末，奥地利建筑师卡米罗·西特[6]出版了《城市规划的艺术原则》一书，提出了城市空间设计的概念以及"视觉有序"理论，为城市设计学科的建立奠定了基础。到20世纪初，随着"包豪斯"对现代建筑技术与艺术的重视，培养"全面的建筑观″开始进入人们的视线 [7] ；20 世纪中叶，城市规划等专业中关于城市形体环境的内容开始融入建筑教育，城市设计教育有了初步发展；1980 年代末期，澳大利亚第一次授予城市设计硕士学位，同时英美也有更多的院校成立了城市设计或相关的学科 [8] ；在 1981 年召开的城市设计教育讨论会和 1987 年国际建筑布莱顿会议上，也对城市设计教育的学科发展提出了建设性意见；英国皇家城市规划学会 (RTPI) 和英国皇家建筑师学会 (RIBA) 对城市设计教育非常重视，并且制订了英联邦地区的城市设计课程计划。1909 年开始，美国的设计师丹尼尔·伯纳姆主持的″城市美化运动″，为美国早期的城市设计实践拉开了帷幕。

相比世界其他地方的学科发展，美国有其独特的发展特点和优势，并且在近几年的发展中也取得了很大的成就。20 世纪初，美国的城市设计教育脱胎于英国，率先从建筑学专业中分离出了城市规划专业。随后在 20 世纪 20 年代，美国建筑师学会 (AIA) 成立了″城市设计委员会″，并发表了一系列的著作，城市设计开始引起人们的关注。1940 年代初期，沙里宁出版了《城市——其发展、衰败与未来》[9] 一书，肯定了城市美化运动所取得的成就，并且提出了城市设计的概念与原则；同期，他率先在匡溪艺术学院授予研究生″建筑与城市设计″学位，但是由于种种原因，后来夭折。之后直到 1960 年，格罗皮乌斯在哈佛大学开始创立设计学院，将过去对单一建筑为主的建筑教育扩大到对整体环境的思考；其后，各国开始陆续设立类似课程。1960 年代以后，城市规划专业不断扩大，从二维平面到三维城市的设计思路逐渐被规划师和建筑师所重视，城市设计越来越趋向于成为一门综合性的学科，学科的发展与建设，也日渐完善与成熟 [10]。

3. 研究数据来源：海外高等教育学校排行榜

本研究主要是以美国的城市设计专业为对象，描述城市设计专业在美国的院校设置、学位授予、专业排名、招生情况、学年学制、就业去向等信息的现状情况，并且根据所搜集到的素材，通过横向与纵向的比较，得出一些对我国城市设计教育有借鉴意义的指导性结论。

本次研究的数据收集得到的所有院校信息，主要是来自于由教育组织 Quacquarelli Symonds 发表的″QS 世界大学排名″ (QS World University Rankings，为英国 QS 公司所发表的年度大学排行榜)，包括主要的世界大学综合排名及学科排名。QS 还推出了独立的地区性排名，即《QS 亚洲大学排名》《QS 拉丁美洲大学排名》及《QS 金砖五国大学排名》，而这些地区排名的准则与比重都与原本主要的世界大学排名不同。QS 世界大学综合排名运用六方面的具体指数衡量世界大学，其权重分别是：学术领域的同行评价 (Academic Peer Review)，占 40%；全球雇主评价 (Global Employer Review)，占 10%；单位教职的论文引用数 (Citations Per Faculty)，占 20%；教师／学生比例 (Faculty Student Ratio)，占 20%；国际学生比例 (International Student Ratio)，占 5%；国际教师比例 (International Faculty Ratio)，占 5%。

QS 世界大学排名是与世界大学学术排名 (ARWU)、泰晤士高等教育世界大学排名、US news 世界大学排行榜共同获得公认的世界四大最具影响力的全球性大学排名。

本文同时参照了由《泰晤士报 (高等教育特刊)》发布的″泰晤士世界大学排名″(本排名参考五大指标，按不同比重评分，包括教学、研究、论文引用、国际化及企业创新资金投入)，由上海交通大学发布的″世界大学学术排名″，以及由美国《美国新闻和世界报导道》发布的″US news 世界大学排行榜″，得出以下城市设计学科的专业排名，具有一定的权威性。但是由于 US news 世界大学学术排行榜与其他排行榜相比，推出世界大学排名的时间较短 (最早只推出美国地区大学排名，2014 年 10 月才正式推出世界大学排名)，所以不作为排名依据。

4. 美国城市设计教育当前概况

本次调查中，根据对 QS 世界大学排名 (建筑学排名) 的前 20 所院校以及泰晤士世界大学排名的前 20 所院校两份列表中所列院校的调查分析，把重合的院校进行整合，以是否开设城市设计专业为标准，得出 30 所高校作为本次研究的样本。

从地理分布来看，本次调查的 30 所院校，主要分布在美国的东、西海岸，其中马萨诸塞州以 5 所开设城市设计专业的院校位居各州首位，加利福尼亚州位列第二，而美国地区有 15 个州并没有院校开设此专业。造成这样地理不均的原因主要是：第一，美国东、中、西部地区的经济发展不平衡；第二，历史上城市建设的起步和发展不同；第三，现代旅游业对城市设计的要求和鉴赏力促使经济发达地区加大对城市设计人才的需求。通过以上分析，可知95%以上的院校集中在美国城市化地区，其中又以纽约、洛杉矶、芝加哥为中心的都市群地区，院校分布更为密集。

在规模数量上，就目前的数据显示，美国的城市设计专业开设的院校有30所，有的是著名的常春藤名校，有的是一些专业性较强的院校，例如以时尚设计著名的帕森斯艺术学院，城市设计专业也位居前列；还有一些是开设城市设计专业，但不论是院校排名还是专业排名均名不见经传的院校，例如萨凡那艺术与设计学院。其中最早的麻省理工学院，可以称之为城市设计教育的发祥地。

在学位授予方面，美国的城市设计专业授予的学位在本科、硕士阶段都有，还有部分高校颁发的不是传统意义上的本硕学位，例如新墨西哥大学城市设计专业颁发的学位是城市和区域设计证书；大部分高校在硕士阶段才会有城市设计专业，招收的学生来自于建筑学、城市规划、景观设计、艺术设计、室内设计、公共政策、法律等不同的专业。根据本文收集到的数据来看，本科期间开设城市设计课程的高校有帕森斯艺术设计学院、佛罗里达州大西洋大学、宾夕法尼亚州技术学院三所。

从学制方面看，美国城市设计专业的硕士阶段分为三种不同的方式，分别为一年期、一年半期（三学期）、两年期。硕士课程第一年是城市史和设计课程，三学期的课程中，第二学期属于自主学习阶段，学制较长的剩下的学年就是社会实践课程。最后一个学期的主要任务，大部分都是撰写毕业论文。

以城市设计专业所在的学院来看，在调查到的院校中，城市设计主要设立在以下几类学院中，分别是：建筑与规划学院、城市与区域学院、城市设计学院、艺术与设计学院以及跨学院的学位。设立在建筑学院的院校有卡内基梅隆大学、哥伦比亚大学等院校；设立在城市与区域规划学院的有佛罗里达州大西洋大学、新墨西哥大学等高校；设立在城市设计学院的大学只有萨凡那艺术与设计学院；设立在艺术与设计学院中的有帕森斯设计学院、北卡罗来纳大学夏洛特分校等；跨学院学位有哈佛大学、亚利桑那州立大学等院校（表1）。

美国高校城市设计专业所属院系分类	表1
院校名称	学院
麻省理工学院	城市研究与规划系
加利福尼亚大学伯克利分校	城市与区域规划系
哈佛大学	城市规划与设计系
哥伦比亚大学	建筑与城市规划系
加利福尼亚大学洛杉矶分校	设计学院
佐治亚理工学院	继续教育学院
康奈尔大学	其他
斯坦福大学	其他
宾夕法尼亚大学	建筑规划跨学院
普林斯顿大学	设计学院建筑系
密歇根大学	继续设计学院
卡内基梅隆大学	设计学院

本次选取了在QS世界大学排行榜和泰晤士世界大学排行榜中，美国排名前20的院校作为样本（表2），用以说明美国城市设计学科在美国高校中的总体情况；并比对世界大学排名，全面阐释各开设城市设计专业的高校。

在此次所调查的高校中，通过对比可以发现，城市设计专业在美国开设的年份较早（20世纪70年代，与城市设计专业同时期起步和发展），且发展较快，学科建设在这样的背景下更加全面；加上许多城市设计领域知名学者、设计师大多数在美国的各大高校受教或任教，对城市设计教育在美国的发展起到了很大的促进作用。

QS 世界大学排行榜（美国前 20）			泰晤士大学综合排名（美国前 20）		
院校	地区	排名	院校	地区	排名
麻省理工学院	美国	1	加州理工学院	美国	1
加利福尼亚大学伯克利分校	美国	2	哈佛大学	美国	2
哈佛大学	美国	3	斯坦福大学	美国	3
哥伦比亚大学	美国	4	麻省理工学院	美国	4
加利福尼亚大学洛杉矶分校	美国	5	普林斯顿大学	美国	5
伊利诺伊大学香槟分校	美国	6	加州大学伯克利分校	美国	6
佐治亚理工学院	美国	7	耶鲁大学	美国	7
康奈尔大学	美国	8	芝加哥大学	美国	8
斯坦福大学	美国	9	加州大学洛杉矶分校	美国	9
宾夕法尼亚大学	美国	10	哥伦比亚大学	美国	10
普林斯顿大学	美国	11	约翰霍普金斯大学	美国	11
得克萨斯大学奥斯丁分校	美国	12	宾夕法尼亚立大学	美国	12
德克萨斯 A&M 大学	美国	13	密歇根大学	美国	13
密歇根大学	美国	14	杜克大学	美国	14
卡内基梅隆大学	美国	15	康奈尔大学	美国	15
伊利诺伊理工大学	美国	16	西北大学	美国	16
纽约大学	美国	17	卡内基梅隆大学	美国	17
宾夕法尼亚州立大学	美国	18	华盛顿大学	美国	18
伊利诺伊大学芝加哥分校	美国	19	佐治亚理工学院	美国	19
南加州大学	美国	20	得克萨斯大学奥斯汀分校	美国	20

5. 典型案例分析：美国城市设计专业教育的知名院校

通过对以上列表的观察，根据世界排名和专业排名的顺序，各院校的教学模式以及对城市设计专业在美国的发展做过杰出贡献的程度，本文选择了麻省理工学院、哈佛大学和宾夕法尼亚大学这三所高校的城市设计专业，就上文中提到的院校研究内容，做一个简要的介绍，以期对我国城市设计专业的开设以及发展有一定的借鉴作用。

5.1 麻省理工学院[11]

麻省理工学院（Massachusetts Institute of Technology，简称 MIT）是由著名自然科学家威廉·巴顿·罗杰斯[12]于 1861 年创立的，并于 1916 年由波士顿迁往剑桥（图1）。MIT 除了拥有全世界最好的自然科学分院、工程分院和管理分院外，还拥有全世界一流的建筑与规划分院。著名学者、城市设计专业的奠基人凯文·林奇就是 MIT 的教授之一。

MIT 的建筑与规划学院是起步于 1861 年成立的建筑系，是该学院最初的 4 个系之一；1932 年改为建筑学院，同时开设了城市规划专业；1933 年开设了第一门城市规划课程；1947 年，城市规划方向从建筑系中脱离出来，单独成系；1969 年，从城市与区域规划系更名为现在的城市研究与规划系。城市设计专业即设置在该系，但是并属于该系的七个教研组（城市设计和发展组，环境政策与规划组，住房、社区和经济发展组，国际发展组，交通规划与政策组，地理信息系统组和区域规划组）中，学位并不是传统的学士、硕士或博士学位，而是下设在非学位项目中，即城市设计授予一个由多个学科联合培养的专业证书，并不授予城市设计学位。

MIT 在美国工程类大学中排名第一，但是由于评级指标的不同，在其他排名中都在前五，却并不在首位。这说明，MIT 不论是从学术水平还是实践能力方面，都能得到世界的认同。城市设计作为其中一个博士阶段的选择，每年只从 8 ~ 12 名博士（博士招生规模为 10 ~ 12 人）中挑选 1 ~ 2 名学生进入城市设计与发展领域做研究。由此可见，城市设计专业在 MIT 还是具有很强的竞争力的。由于其属于博士阶段的学科，所以其学制和博士是一样的，属于四年制，分别为四个学期的课程和四个学期的论文。毕业生可以在学术界、政府或者工业界就业。

麻省理工学院城市设计方面的课程主要分为：相关学科、城市设计历史和理论、城市

图1 麻省理工学院校徽

设计政策、城市发展进程、城市设计技术／研讨会和城市设计实践六个方面的 24 门课程。从城市设计的实践、法规、历史等方面，全面覆盖城市设计教学的各个方面。

5.2 哈佛大学 [13]

最早由马萨诸塞州殖民地立法机关在 1636 年创建的哈佛大学 (Harvard University)，距今已经有近 380 年的历史，最初命名为新市民学校，是为了纪念一位名为哈佛的牧师而修建，后于 1639 年改名哈佛学院，在 1780 年才正式称为哈佛大学（图 2）。哈佛大学城市设计专业最早于 1960 年开设，其后一直在美国城市设计教育教育方面位于领导地位。

图 2　哈佛大学校徽

哈佛大学的城市设计专业，设置在 GSD (Harvard University Graduate School of Design)，即哈佛大学设计研究生院下属设立的城市规划与设计系 (the Department of Urban Planning and Design)，毕业后颁发岗位专业学位 (post-professional)。

哈佛大学在美国综合排名中排在第二位，在其他各类排名中也名列前茅，尤其是在世界大学学术排名中，更是名列榜首，这说明哈佛大学的学术研究水平得到了世界的认可。本专业学制为两年，即四个学期，而课程设置只设置三个学期的课程。第一学期主要是城市设计核心课程，包括研讨会和讲座；第二学期主要是城市规划与设计工作室选择（即参与工作室项目）；第三学期就是为论文做准备。三个学期都比较灵活，允许学生在本学院其余专业参与项目或者选修课程。城市设计专业只设置在硕士阶段，全系（包括城市规划和城市设计两个专业）每年的招生规模是 100 人左右，其中包括了国际生和本地生源。学士阶段没有城市设计专业。学生毕业后，在设计单位、政府都可以就业，也可以做研究方面的工作。

5.3 宾夕法尼亚大学 [14]

坐落在宾夕法尼亚州费城的宾夕法尼亚大学 (University of Pennsylvania，简称宾大)，是一所由著名科学家本杰明·富兰克林 (Benjamin Franklin) 建立于 1740 年的、美国最古老的、大学排名第四的研究型高等学府（图 3）。建筑学的课程于 1868 年提出，使得该校成为美国拥有建筑学课程的第二古老的高校。20 世纪 50 年代，在校长帕金斯的倡导下创立了城市规划部门，专注于城市生态景观建筑计划。1958 年之后，城市设计才开始在跨学院专业设立。1991 年开始，该校开设了建筑与城市规划的交叉课程学科，授予建筑硕士／城市设计文凭 (MARCH with a certificate in UD)、城市规划硕士／城市设计文凭 (MCP with a certificate in UD) 以及景观建筑硕士／城市设计文凭 (MLA with a certificate in UD)。以上学位除了需要满足本学科的课程之外，还需参加额外的城市设计课和工作室研讨 (studio) [15]。设计学院以其杰出的教师而著名，其中包括建筑师路易斯·康、罗伯特·文丘里和园林建筑的先驱伊恩·麦克哈格。我国著名学者梁思成、林徽因夫妇，杨廷宝大师，都毕业于宾夕法尼亚大学。

图 3　宾夕法尼亚大学校徽

宾大综合排名排在美国的第十位。相较世界其他高校，宾大的各项排名相对都比较优秀：在 QS 世界大学排名中，世界排名第三十五，建筑学排美国第十。城市设计专业在全美的排名也位于在前十之内，所以每年新招收的研究生中，国际学生占了很大一部分（约三分之一）比重。

在宾夕法尼亚大学，城市设计教育是作为一个复杂的社会政治生态系统并随着城市发展变迁的一个跨学科项目。宾大的城市设计专业开设在设计学院中，是一个为期两年的研究生专业，并且要求在第一年和第二年的中间要完成一次实习。城市设计专业的课程包括城市设计的基本原则、城市设计的产生与实施、城市设计的历史与理论、强调设计的跨学科工作室；工作室通过一系列的当代城市理论和方法研究当前不管是在美国还是在国际环境的重要城市问题。宾大城市设计专业的学生就业较广，大到国家规划设计部门、当地城区建设部门以及国际性非营利性组织，小到各州市的道路系统或者公共设施部门。

通过以上的介绍，我们可以发现：三所高校城市设计专业都是在 20 世纪 70 年代左右开始设立，并且都是从最早的建筑学专业开始出现并发展；最初的对于城市设计专业有重要贡献的学者、设计师、教师大部分在这三所高校学习或任职。以上三所高校，不论是在世界排名还是在各专业排名中，都有很高的成就，从侧面肯定了其学术研究水平。从招生的数量和质量来说，这三所院校因为都是研究生及以上阶段开设城市设计课程或方向，所以生源来自世界各地，而且数量不是很多；从开设学院来说，只有宾大是在设计学院，其余两所院校都是跨专业学科；在开设课程方面，三所院校都比较全面，历史、理论、实践等多个方面的课程都有；就业方向来说，宾大学生进入城市设计部门就业的较多，而其他两所高校学生都倾向于在政府或者管理部门就业。

5.4 我国城市设计教育的现状

中国城市设计教育发展起步较晚。在大陆地区，城市设计作为城市规划专业硕士研究方向，也才是近几年才出现，但是并没有高校颁发城市设计专业硕士；而本科阶段的城市设计教育，则刚刚在起步阶段。在我国港、澳、台地区，由于城市设计概念发展较早，城市设计专业的学科建设较为全面，现在许多高校都招收专门的城市设计方向的硕士和博士。

现阶段，城市规划教育在我国高校中的教育模式已初步形成规模，课程设置、学位授予、教学目标以及师资水平都有一定的基础。在本科教育阶段，城市规划专业会开设城市设计相关课程，但是并不单独将其设置成为城市规划学或者建筑学的二级学科，只作为一门设计课程教授。

综上，我们可以看出，中国的城市设计学科的发展过程还处在萌芽阶段，现在很多高校也纷纷想要设置城市设计专业，这个时候如果我们的政策能够对城市设计专业的设置进行一定的推进，相信我国的城市设计教育一定会取得不菲的成绩。

6.结语

美国的城市设计教育，相比我国来说，已经具有成熟培养方案和课程结构，一般情况下更会吸引或者接收拥有建筑学教育背景的学生。城市设计教育在学制和学年等多方面都与我国有本质的区别；许多高校更倾向于招收多种专业的学生，例如从地理、法律、人类学和社会学等方向研究城市设计。同时，美国开设城市设计的学院也不单单局限于建筑或者规划类的学院，而是包含其他各种学院，例如管理学院、设计学院等。我国在城市设计学科的设立初期，城市设计教育必然会面临挑战，但是只要我们对城市设计教育加大投入力度、政策扶持力度等，多向美国以及其他欧美国家的城市设计教育方面多学习、沟通，对国外的先进教学方式进行借鉴和吸收，形成我国特有的城市设计学科构成，在不久的将来，我相信我国的城市设计教育一定会取得更好的发展。

注释：

[1] 中华人民共和国国家统计局. 中国统计年鉴 2015[M]. 北京：中国统计出版社，2016.

[2] 中国大百科全书总编辑委员会. 中国大百科全书：建筑、园林、城市规划卷 [M]. 北京：中国大百科全书出版社，1988：72.

[3] 吴志强，李德华. 城市规划原理 [M]. 同济大学，2010.

[4] 王建国. 城市设计 [M]. 东南大学出版社，2012：4.

[5] 谭纵波. 城市规划 [M]. 清华大学出版社有限公司，2005.

[6] 卡米洛·西特 (Camillo Sitte, 1843～1903)，奥地利建筑师、城市规划师、画家暨建筑理论家，被视为现代城市规划理论的奠基人。

[7] 金广君. 图解城市设计 [M]. 中国建筑工业出版社，2010.

[8] 同注释 [4]。

[9] 作者伊利尔·沙里宁，出版于 1943 年，是论述城市的经典著作。

[10] 金广君. 图解城市设计 [M]. 中国建筑工业出版社，2010.

[11] 资料来源于：http://www.mit.edu/.

[12] 威廉·巴顿·罗杰斯 (William Barton Rogers, 1804～1882)，19 世纪美国著名的自然科学家，麻省理工学院的创始人，1861～1870 年以及 1879～1881 年间，两度担任麻省理工学院校长。

[13] 资料来源：http://www.harvard.edu/

[14] 资料来源：http://www.upenn.edu/

[15] 王建国. 城市设计 [M]. 东南大学出版社，2012：50.

参考文献：

[1] Cuthbert A. Going global: Reflexivity and contextualism in urban design education [J]. Journal of Urban Design, 2001, 6 (3)：297-316.

[2] http://www.topuniversities.com/subject-rankings/2016.

[3] http://www.topuniversities.com/university-rankings/university-subject-rankings/2016/architecture#sorting=rank+region=+country=+faculty=+stars=false+search=.

[4] https://dusp.mit.edu/.

[5] http://www.gsd.harvard.edu/#/academic-programs/urban-planning-design/urban-design/index.html.

[6] https://www.design.upenn.edu/interdisciplinary-programs/urban-design-certificate.

[7] 何皎皎. 城市设计是科学、技术、社会和艺术的结合——介绍荷兰城市设计学科的发展历程与要点 [J]. 江苏建筑，2002 (1)：2-5.

[8] 金广君. 图解城市设计 [M]. 中国建筑工业出版社，2010.

[9] 金广君. 美国的城市设计教育 [J]. 世界建筑，1991 (5)：71-74.

[10] 金广君，钱芳. CDIO 高等教育理念对我国城市设计教育的启示 [C]. 第三届 21 世纪城市发展"国际会议论文集，2009,1-8.

[11] Lang, Jon. Urban design: the American experience[M]. John Wiley & Sons, 1994.

[12] 税伟，刘美霞等. 美国大学地理系举办城市规划的经验与启示——以美国两所大学为例 [J]. 城市规划,2012(6)：67-73.

[13] Southworth, Michael. Theory and practice of contemporary urban design: a review of urban design plans in the United States[J]. Town Planning Review, 1989, 60 (4)：369.

[14] Samuel E Morison. The Development of Harvard University (1869—1929) [M]. Cambridge: Harvard University Press, 1930：443-541.

[15] Sen, Siddhartha. Some thoughts on incorporating multiculturalism in urban design education// Michael A. Burayidi. Urban planning in a multicultural society[M]. Westport, CT: Praeger, 2000：207-224.

[16] 孙一民. 近期美国麻省理工学院的城市设计教育 [J]. 建筑学报，1999 (5)：50-52.

[17] 谭纵波. 城市规划 [M]. 清华大学出版社，2005.

[18] 王建国. 城市设计 [M]. 东南大学出版社，2012：50.

[19] 王建国. 21 世纪初中国城市设计发展再探 [J]. 城市规划学刊，2012，(1)：1-8.

[20] 吴志强，李德华. 城市规划原理 [M]. 同济大学，2010.

[21] 徐苏宁. 城乡规划学下的城市设计学科地位与作用 [J]. 规划师，2012 (9)：21-24.

[22] 杨涛. 美国城市设计思想谱系索引：1956 年之后 [J]. 国际城市规划，2009 (4)：80-84.

[23] 赵大壮. 美国城市设计之启示 [J]. 世界建筑，1991 (5).

[24] 中国大百科全书总编辑委员会. 建筑、园林、城市规划卷. 北京：中国大百科全书出版社，1988：72.

[25] 中华人民共和国国家统计局. 中国统计年鉴 2014[M]. 北京：中国统计出版社，2015.

[26] 张明. 欧美城市设计历史简述 [J]. 新建筑，1987 (2)：45-50.

图片来源：

图 1：http://baike.baidu.com/pic/ 麻省理工学院 /117999/0/377adab44aed2e73f32021a78101a18b86d6fa74?fr=lemma&ct=single#aid=0&pic=377adab44aed2e73f32021a78101a18b86d6fa74.

图 2：http://baike.baidu.com/pic/ 哈佛大学 /261536/0/b7fd5266d0160924ffbe12a7d10735fae7cd34f6?fr=lemma&ct=single#aid=0&pic=b7fd5266d0160924ffbe12a7d10735fae7cd34f6.

图 3：http://baike.baidu.com/pic/ 宾夕法尼亚大学 /513402/0/503d269759ee3d6d66de486644166d224f4ade07?fr=lemma&ct=single.

表 1：作者据 QS、泰晤士世界大学排名网站数据自绘

表 2：作者据 QS、泰晤士世界大学排名数据自绘

作者：陈闻喆，香港大学博士，北京建筑大学建筑与城市规划系 讲师；顾志明，北京建筑大学城市规划系 硕士研究生；王江滨，北京建筑大学建筑学系 硕士研究生

"动态表皮"专题毕业设计教学实践

冯刚　苗展堂　胡惟洁

Research on Graduation Project Teaching of Kinetic Surface Design in Architecture

■摘要：本文扼要介绍了动态建筑表皮领域设计实践与研究的理论成果，以此为基础重点阐述天津大学建筑学院动态表皮毕业设计专题教学的基本内容、过程与成果，并对教学效果进行分析与评价。

■关键词：毕业设计　动态　表皮

Abstract：This paper briefly introduced the theoretical achievements of education and research on kinetic surface in architecture design. Based on this analysis, it focused on the basic content, process, features and achievement of graduation projects teaching of kinetic surface in School of Architecture, Tianjin University. Then this paper made some analysis and evaluation of the teaching effect.

Key words：Graduation Project；Kinetic Surface；Architecture Skin

　　关于建筑动态表皮系统的研究，是当前建筑艺术与技术领域的热门课题之一。动态表皮设计兼顾建筑生态设计与形式美的需求，赋予建筑以动态变化的立面肌理效果。本毕业设计课题训练的目的，着眼于指导学生掌握动态表皮的设计理论与方法，熟悉可变节点的构造设计特征，并能够很好地将所学知识应用于建筑设计实践。

1.课程设置的理论基础

　　建筑表皮，指建筑室内外空间环境的界面，以及人们通过触觉、视觉直接感受到的建筑表层，被视为生物皮肤、衣服之外的，保护人体安全的"第三层皮肤"。从室内外能量交换的角度来审视建筑表皮，传统建筑表皮是作为能量的屏障而存在的，而随着建筑设计观念与技术的进步，建筑表皮的角色逐渐转化成为一种物质与能量的传递者，某些条件下也可能是能量的生产者。在这种进步的过程中，建筑师尝试控制物质与能量穿过建筑表皮的过程与数量，探索一种动态的建筑″封装″设计，以实现能够像生物体的皮肤一般控制物质能量交换的建筑″皮肤″。

　　传统意义上″可变″的表皮，自建筑诞生起就出现了。学术界对于现代意义上动态表皮的研究，也已经有了 40 余年的积累。计算机辅助设计、微处理器与传感器技术、自动控制技术、3D 制造技术的进步，已经使动态表皮从研究性设计转变为成功的建筑设计作品。全球环境危机迫切需要建筑围护结构达到更高的能效。C2ES (Center for Climate and Energy Solutions) 的研究表明：在住宅项目中通过优化窗户设计与因地制宜能节约 10% ~ 50% 的能源，而减少使用照明和暖通空调能使商业建筑降低 10% ~ 40% 的开销 [1]。动态表皮系统可以很大程度上为可持续的建筑设计提供一种新的解决平台，因而这一领域的相关研究获得了持续的增长。与纯技术层面上的节能技术相比而言，动态建筑表皮，不但提供了一种可控的热、风与光的传导方式，而且具有形式美层面的意义。与传统建筑立面相比而言，动态表皮在不断变化的过程中，提供了一种不断变化的表面肌理效果，赋予建筑形式以新的内涵（图 1）。

　　动态表皮最基本的形式是可变遮阳与可变通风系统。通过改变遮阳构件的位置与角度，实现对于室内物理环境的控制与优化。例如，多米尼克·佩罗 (Dominique Perrault) 设计的巴黎法国国家图书馆项目 (National Library of France)，利用可旋转的木隔墙板来实现室内采光的控制，并将使用者的活动映射到建筑的立面。随着对可变遮阳与通风系统的探索不断加深，可变构件的形态设计获得了极大的发展，同时赋予其更多意义上的美学价值。1987 年建成的由努维尔 (Jean Nouvel) 设计的巴黎阿拉伯世界文化中心 (Arab World Institute)，将动态表皮设计提高到新的高度。建筑师借鉴了相机光圈的运作方式，设计了可以改变通光孔径大小的窗，并隐喻了阿拉伯传统建筑中传统网格窗″Moucharabiehs″的窗饰图案。奥地利厄恩斯特与吉尔伯特事务所设计的格拉茨技术大学－生物催化实验室 (Biocatalysis Lab

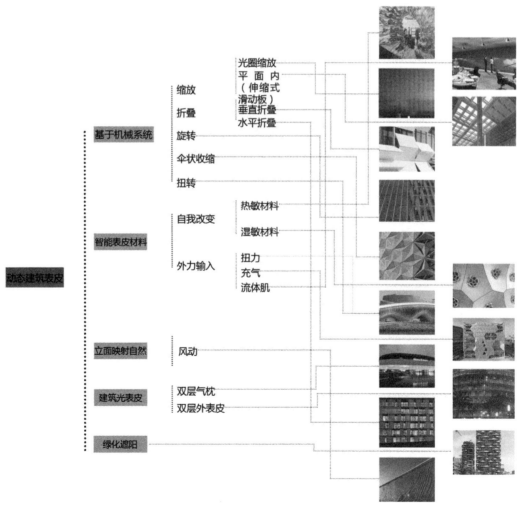

图 1　动态表皮可变单元结构设计原理

building）、基弗技术展厅（Kiefer Technic Showroom）等一系列作品，将可变遮阳与立面形式完美地结合起来。Yazdani Studio of Cannon Design 设计的韩国 CJ 研发中心、JSWD 设计的 Q1 办公大楼（Q1 Office Building）都开发出了形式丰富的可变遮阳体系，同时赋予建筑立面以前所未有的形态美。Aedas 与 Arup 合作设计的阿布扎比 Al Bahar 双塔，采用了三角形的可变遮阳板体系，立面造型独特，并可以有效节约能耗达 50%。

智能建筑表皮材料日益广泛应用于动态表皮设计中。这种材料受到特定环境变化的刺激时，会改变原有材料的物理或化学性能，当环境刺激恢复初始状态，亦实现可逆的变化。刺激智能材料改变的外部条件有光、热、电、声等多种因素，也有的项目直接通过可变的机械压力来使建筑表皮实现弹性形变。形状记忆合金是一种常见的智能建筑表皮材料。智能表皮材料是当前建筑学与建筑材料学给予了很大关注的研究领域。如 LIFT 事务所设计的"空气花"（The Air Flower）项目、建筑师阿希姆·门杰斯（Achim Menges）设计了的带有湿度敏感皮肤的气候适应性建筑小品等。奥地利建筑事务所 SOMA 设计的 2012 韩国丽水世博会主题馆"One Ocean Thematic Pavilion"，采用了与尼佩尔斯·海尔比格高级工程公司（Knippers Helbig Advanced Engineering）共同开发的"仿生动力学外皮"。这座建筑外表皮由 108 片玻璃纤维增强聚合物制成的动力薄板组成。这种纤维增强材料具有很高的抗拉强度与抗弯刚度，在外部机械力的作用下能够实现大幅度弹性变形。加拿大环境艺术家奈德·康（Ned Kahn），致力于从视觉的角度来诠释建筑表皮与环境之间的关系。他的作品捕捉自然界中风、光、水、火、云、雾等不断变化的元素的信息，将其映射到建筑表面，通过建筑表皮肌理的变化，将自然界的随机变化的信息转化为建筑视觉艺术作品。这种建筑表皮映射自然变化的设计，并非生态层面上的动态表皮设计，而是一种介于建筑与雕塑之间的可变的视觉艺术系统，也可以说是一种结合了建筑与环境艺术的动态雕塑作品。

此外，建筑中常见的动态表皮系统还有光景观系统，可以通过改变材料自身的光色来获得不断变化的立面效果，并表达特定的文化主题。垂直绿化遮阳系统，也可以视为特定意义上的动态表皮，通过植物季节性落叶特性来满足一年不同时期的遮阳需求。总之，动态表皮是一种可持续的建筑表皮设计思想，具有很高的生态价值与建筑美学价值。随着建筑材料、建造技术与自动控制技术的提高，动态表皮的设计思想与技术会更加成熟，在建筑中亦将得到更加广泛的应用。学习和掌握动态表皮的基本设计原理，对于建筑学学生未来的发展具有很重要的价值。

2.毕业设计课题设置

1）教学目标

基于对"动态表皮"设计理念与方法在建筑设计中重要性的认识，我们在毕业设计教学中引入动态表皮的专题设计，指导有兴趣的同学学习动态表皮的设计理论与方法，了解常见的可变节点设计类型及其不同的特点与适用性，并尝试在特定类型的建筑设计中，运用动态表皮的设计思想，完成建筑设计。

毕设课题要求学生设计一组特定的可变单元，并以此为出发点，创造覆盖建筑表面的可变表皮系统。该系统一方面可以优化室内物理环境，节约空调能耗，并满足可持续发展需求，同时亦可以获得一种动态的建筑立面肌理效果。题目要求以图书馆、展览馆、美术馆等带有大空间的建筑为设计平台，主要是考虑到这一类建筑对于采光与通风的控制有着更多的需求，同时高大的空间也更加利于完整发挥动态表皮的效能。

2）教学内容

本毕业设计题目分为三个主要的工作阶段：

①理论学习阶段（工作时间 5 周）

目前国内关于动态表皮的研究还处于起步阶段，还没有出版相关的专著，学位论文与科研论文也很少。相对而言，国外高校在这一领域的工作做得更多，出版或发表的文献更为全面。毕业设计课题组通过数届学生的努力，先后完成数本该领域英文专著及大量英文文献的翻译工作。如朱勒·莫洛尼（Jules Moloney）著的《建筑立面状态变化的动力学设计》（*Designing Kinetics for Architectural Facades-State Change*），罗素·福特梅尔和查尔斯·林（Russell Fortmeyer and Charles D. Linn）合著的《动态封装建筑设计》（*Kinetic Architecture-Design for Active Envelopes*），迈克·舒马赫（Michael Schumacher）等著的《基于运动可变元素的动态建筑》（*Move-Architecture in Motion-Dynamic Components and Elements*）。由于课题具有很好的延续性，文献资料得以充分积累并形成一定的体系，为后续的毕业设计与研究工作搭建良好的基础平台，并在前人的基础上，不断取得新的突破。

完成文献整理与理论学习的同时，教学组要求学生对于已经完成的动态表皮设计，进行数字建构分解与还原，并对于可变节点设计进行分解研究，了解整个节点的构成与运动原理（图2）。通过这一过程，学生对于动态表皮构件的运动过程与控制机制有了更为明晰的认知，为下一阶段的方案设计打下坚实的基础。

②方案设计阶段（工作时间8周）

方案设计分两种类型。一种是利用既有建筑或结构，进行动态表皮的立面改造。这种方案训练学生对于既有建筑结构基础的分析与研究，充分挖掘其潜力并赋予恰当的动态表皮形式。另一种是在充分考虑建筑功能需求的基础上，进行建筑整体设计。方案设计阶段重点考查学生动态表皮设计的创新能力、节点构造设计能力、建筑技术与功能协调统一的能力。

毕业设计课题A：空间网架结构结合动态表皮设计研究

空间网架结构由很多杆件通过节点并按照一定的力学规律组合成网架或网壳体系。这种空间结构本身占用空间较小，便于利用结构空隙组织采光与通风。而且，空间网架结构常由相似或近似的结构单元有规则地构成，带有明显的图案化肌理效果。本课题内容要求学生选择恰当的空间网架结构形式，并结合结构杆件分布的特点设计可变的表皮单元。文中所列毕业设计作品采用了球面网架结构，通过严密的几何分析，将球体表面划分为均布的全等正三角形（图3）。三角形内

部设计了可以折叠的伞状动态表皮体系，可以通过伞状结构的开合来调整通过建筑表面的通风与采光量。余下无法划分的梭形表面部分，设计为可以采光的天窗，满足日常基本采光的需要。该作品将建筑表面视为一个连续无方向的界面，通过动态表皮体系可以使建筑不同朝向获得连续与渐变的照明效果，优化不同功能下的采光需求。

毕业设计课题B：建筑动态表皮节点设计研究

本课题主要以设计竞赛为工作平台，探索兼顾生态建筑设计与建筑立面造型设计的动态表皮设计方法。此毕业设计案例为上海市图书馆新馆（东馆）竞赛方案，首轮获得评委认可入围（图4）。方案采用动态表皮单元将整个建筑包覆，采用双层幕墙与动态机械遮阳来构筑建筑立面的主体。表皮采用三角形基本单元，每个单元由三片叶片组成，可以通过垂直于立面旋转轴构成的伸缩结构来调节开合的不同程度。一方面，这一表皮系统具有生态意义，可以根据采光与通风的需求改变孔洞的大小，以优化室内物理环境。另一方面，这一系统提供了一种新的立面造型方法，即立面形式可以根据表达的主题进行改变。动态表皮设计，提供了一种均质分布的可变单元，使立面表现出明显的"像素化"的特征，可以通过不同像素点的变化来传达不同的信息，使建筑立面从静态的图像进化为一动态的画卷，表达出一种媒体时代的艺术精神。这是动态表皮区别于通常意义上的可变遮阳的重要特点之一。该方案立面可以根据建筑主题表达的需要，展示出不同的图案、图形，甚至可以将文字映射到建筑立面之

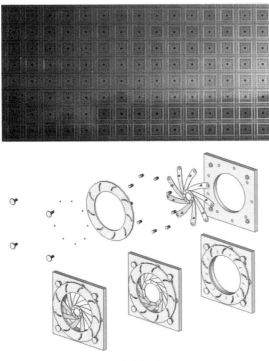

图2 阿拉伯文化中心动态表皮节点分解图

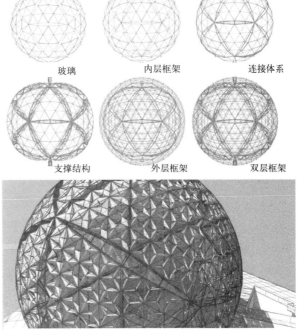

玻璃　　　　　内层框架　　　　连接体系

支撑结构　　　　外层框架　　　　双层框架

图3 空间网架结构结合动态表皮设计研究

图4 上海市图书馆新馆（东馆）设计方案

上，如同一面由像素构成的屏幕。文中附图即为将黄浦江的走向投射于建筑表面的立面效果，以表达场所文化精神（图4-3）。借助可变表皮系统，建筑朝向不同方向的墙面，亦可以根据不同的热工需求与表达需求，表现出不同的表情。一年四季、一天的不同时间，均可以对自然与文化环境作出很好的回应。屋顶的设计采用了另一种折扇式可变遮阳，通过扇叶沿着旋转轴的转动来开合屋顶的遮阳板，为室内中庭提供舒适宜人的采光环境。这种可变单元提供了一种图案化的光影效果，为室内中庭增加了情趣。毕业设计小组借助开源式电子原型平台"Arduino"，制作了可变单元的设计模型（图5）。这一过程强化了学生对于可变节点设计方法的理解与创造能力，优化了设计方案，并可以直观地观测可变单元对于光线的调节效果。

③软件模拟研究阶段（1周）

动态表皮于建筑形式层面的价值，可以用一种可变的立面肌理效果直观地表现出来。而其对于建筑节能层面的意义，仅从一种"可调"的层面来理解是不够的，还需要一种量化的分析与度量。课题最后一阶段要求学生学习使用Eco-tech、Fluent、Phoenix等分析软件，对于动态表皮对于建筑内部风、光、热环境的调节进行分析与比较，从而获得一种理性与直观的分析成果（图6、图7）。通过软件模拟，学生们可以对于室内不同部位的采光与通风情况

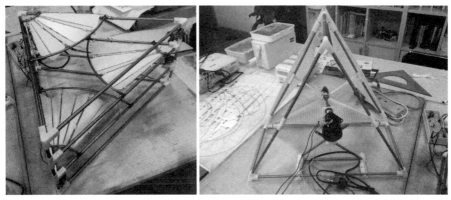

图5　上海市图书馆新馆（东馆）设计可变节点模型

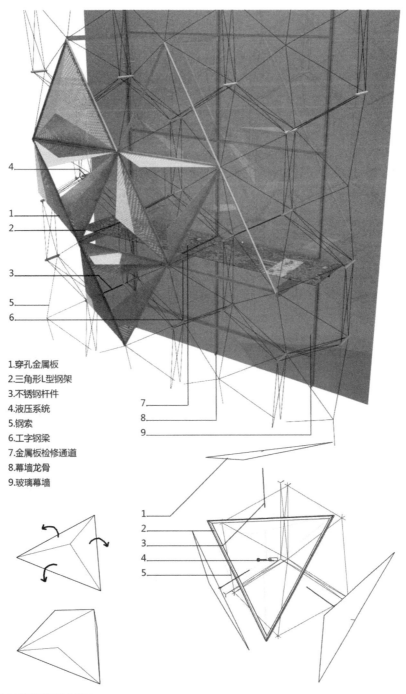

1.穿孔金属板
2.三角形L型钢架
3.不锈钢杆件
4.液压系统
5.钢索
6.工字钢梁
7.金属板检修通道
8.幕墙龙骨
9.玻璃幕墙

图6　可变节点设计分析图

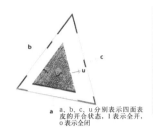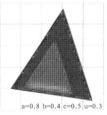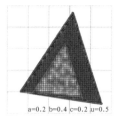

a、b、c、u分别表示四面表皮的开合状态,1表示全开,0表示全闭

a=0.8 b=0.4 c=0.5 u=0.3　　　a=0.2 b=0.4 c=0.2 u=0.5

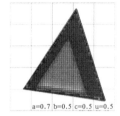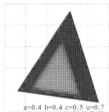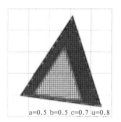

a=0.7 b=0.5 c=0.5 u=0.5　　　a=0.4 b=0.4 c=0.5 u=0.7　　　a=0.5 b=0.5 c=0.7 u=0.8

图7　室内光环境分析图

进行量化的分析和比较,完善设计方案。例如,学生们认识到大多数动态表皮对于靠近外墙一定深度的空间具有良好的调节作用,而对于远离外墙面的空间,则调节的作用会逐渐减小。根据这一结果,方案对于建筑平面中不同功能的摆位进行了优化,并合理调节建筑与动态表皮之间空腔的尺寸,以达到最优的调节效果。这些分析模拟的成果,对于后期系列毕业设计训练具有重要的借鉴价值。

3.总结与反思

动态表皮设计与传统的门窗相比,具有更加优异的生态设计表现,可以起到节能的作用。而且,动态表皮可以使室内环境品质得到优化,增强建筑表面采光、通风、隔声的能力。与传统百叶窗不同,这一体系还具有很强的美学价值,可以使建筑表现出富有个性的动态立面效果。建筑具有耐久性与易维护的要求,动态表皮设计教学,应引导学生确立"简单即高效"的设计观念,用最为简单的系统,创造最为梦幻的立面效果。教学中,我们注重向学生介绍不同建筑材料的特点,引导学生合理选择轻质、耐久、高强的材料来表达动态设计的理念。动态表皮设计是一个综合了建筑学专业、机械专业、自动控制等专业的综合性课题,学生们在工作中逐渐培养了交叉学科学习与互补的观念及其实践能力,对于未来的发展起到了很好的锻炼作用。

动态表皮的设计方法,追求一种生态、技术与艺术的完美平衡。动态表皮毕业设计训练,一方面引导学生重新认知建筑立面设计的内涵,将立面设计视为一种皮肤呼吸的过程,是一种生态建筑设计的重要方法。另一方面,也可以锻炼学生细部节点设计能力(图8、图9、图10),根据立面设计的需求,创造出技术合理、经济性好、美观实用的建筑立面单元。这一课题,在以后的毕设训练中,会得到不断的改进与调整,将作为一个不断深化与完善的系列课题持续进行下去。

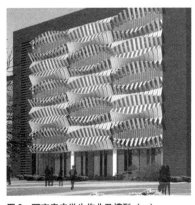

图8　可变表皮学生作业及模型(一)

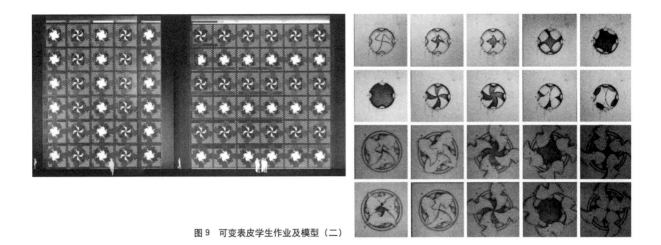

图 9 可变表皮学生作业及模型（二）

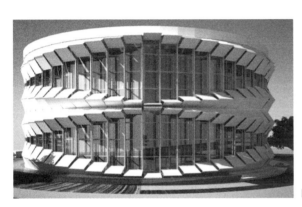

图 10 可变表皮学生作业及模型（三）

参考文献：

[1] Velasco R，Brakke A P，Chavarro D. Dynamic Faᶜades and Computation：Towards an Inclusive Categorization of High Performance Kinetic Facade Systems[M]// Computer—Aided Architectural Design. The Next City—New Technologies and the Future of the Built Environment. Springer Berlin Heidelberg，2015：172.

图片来源：

图 1：硕士研究生陈达 绘制；
图 2：毕设学生江哲麟 绘制；
图 3：毕设学生陶成强 绘制；
图 4：毕设学生张子鸣、李宗泽、杨新榆、吕博 绘制；
图 5：毕设学生张子鸣 摄；
图 6：毕设学生张子鸣、李宗泽、杨新榆 绘制；
图 7：毕设学生张子鸣、李宗泽、杨新榆 绘制；
图 8：孙中涵 绘制；
图 9：卢梦君 绘制；
图 10：诸葛涌涛 绘制；

作者：冯刚：天津大学建筑学院 副教授；
苗展堂：天津大学建筑学院 副教授；胡惟洁：天津大学建筑学院 硕士研究生

幼儿认知行为尺度研究在幼儿园设计教学中的运用

王怡琼　陈雅兰

The Application of Cognitive Behavioral Scale in Kindergarten Design Teaching

■摘要：六班幼儿园设计是建筑专业本科二年级的专业课，是专业培养阶段的第一个课程设计。在现行的教学体系中，我们提倡学生能够接触并感知设计的空间类型或空间布局方式，而这些是需要建立在对设计对象人体尺度和生理、心理需求的基础之上的。因此掌握幼儿认知行为尺度下的建筑空间营造方式，从幼儿的角度看待建筑是本次教学所探讨的核心。

■关键词：认知行为　尺度　空间营造

Abstract：The six class kindergarten design is a specialized course in the second year of architecture major, which is the first course design of the professional development stage. In the current teaching system, we encourage students to be able to touch and perceive the space type or layout in the design which needs to be based on the cognitive basis of the child's body measure and the physiological and psychological needs. Therefore, it is the core of this teaching to master the space construction mode of the child's cognitive behavior scale and view the architecture from the perspective of the child.

Key words：Cognitive Behavior；Scale；Space Construction

六班幼儿园设计课程是本科建筑专业培养阶段的第一个训练，学生经过了建筑专业基础课程的训练已经基本掌握了对单一功能空间的操作。因此在这个新的阶段，课程设计不仅仅是训练从单一空间到重复单元的空间组织，同时更加重要的是通过对特定的使用人群的生活规律、行为特点、心理特点与建筑空间的功能要求、大小等的关系进行深入的了解。在整个教学过程中最大的难点就是如何切入设计，学生对幼儿时期的记忆已经比较模糊，尤其是对幼儿的活动行为缺少认知。因此在整个教学过程中，如何引导学生从幼儿的角度看待一个建筑，并且还必须符合成年人的需求就变得至关重要。教学小组希望可以通过教学过程中的一些环节设置增强学生对幼儿认知行为尺度的了解，从而可以帮助学生明确设计概念，以概念为主题贯穿设计始终。其中对幼儿认知行为尺度的课程设置包括：幼儿活动行为调研、幼儿建筑尺度笔记、儿时回忆场景畅想、"游戏盒子"的装置设计。

1.幼儿认知行为尺度

建筑是为人所使用的，无论是生理上的使用还是精神上的使用，人们的生活总是与建筑息息相关。而作为"使用"这一基本功能来说，建筑是要符合其使用者的尺度的，勒 柯布西耶的"模度"理论提出，应当提取人的比例作为衡量建筑物和构件的尺度。尺度是可以被感知的，我们所研究的是建筑物整体或局部构件与人或人熟悉的物体之间的比例关系，及其这种关系给人的感受。在建筑设计中，常以人或与人体活动有关的一些不变元素作为比较标准，通过与它们的对比而获得一定的尺度感。尺度与人体工程学之间的关系很密切，过去人们研究探讨问题，常会把人和物、人和环境分割开来，孤立的对待。人体工程学理论强调的是如何处理好：人－机－环境的协调关系，以人为主体的具有科学依据的设计思维，通过对人体尺度和人类生理、心理的需求，合理把握使用者在设计中的行为空间、生理空间和心理空间的设计，这对现代建筑的发展产生深远的影响。

在现行的教学体系中，我们提倡学生能够接触并感知到所要设计的空间及空间类型。我们一直在探讨、研究使用者的行为，提倡设计师的生活体验，人与建筑的关系总是不断地被剖析得更加深刻，这些思想和成果也直接或间接地渗透到我们平时的教学中去。然而学生对幼儿行为的认知缺少体验，也无法真正体验到幼儿所认知的空间形态及幼儿对空间的认知规律，这是因为使用对象——幼儿，与设计师——成人，从心里到生理的差异性很大，会导致同样一个空间呈现在使用者和设计师眼前会有不同的空间体验，使整个

设计过程难度增加，所以很容易出现对设计理解的片面性。所以我们强调从幼儿的尺度去设计空间，从幼儿的角度去理解空间。

2.幼儿认知行为尺度与空间营造

2.1 幼儿认知行为活动的观察与想象

在建筑学教育中，我们一直鼓励学生去观察设计对象，只有通过真实的观察与思考才能发现使用者的行为特征。对于幼儿园来说，学生即使去已建项目中去调研建筑空间，也无法真正体会到幼儿空间的使用和幼儿眼中的空间感。同样，学生也无法想象幼儿在空间中的活动，因为幼儿的活动经常是不符合成人的逻辑性的。这就需要我们的学生去观察幼儿的行为，并通过种种方式记录幼儿的行为特点，通过观察身边的幼儿生活场景，更加深入地了解幼儿的基本生理、心理需求，才能对幼儿园设计有初步的认识。

2.2 幼儿认知行为尺度与建筑空间

通过对幼儿自身尺度和幼儿认知行为尺度的对比，明确空间小型化和空间大型化在空间设计中的运用。也就是用幼儿身体尺度对应建筑构件尺度，幼儿行为尺度对应建筑空间尺度。用行为联系人与空间，往往很难，但观察人容易，观察空间容易，他们都可以用尺寸标注的方法解决，但尺寸标注并不能使空间与人进行联系。所以在设计这个环节时，我们将一个幼儿作为丈量空间尺度和构件尺度的一个基本单元。例如一个幼儿站直后肩宽280mm，那么一个宽2m的空间就可以满足6个孩子灵活站立。用这样的方式最终整理出一套幼儿行为所对应的尺度，这样才能真正将尺度与行为对应。在进行幼儿建筑空间设计时运用这些行为尺度及行为特点，将尺度与空间对应，使学生体会到人体——活生生的尺度，而非冷冰冰的尺寸标注。通过对建筑设计基础教学内容和方法的改革，做到"知感、营造并重"，融会贯通，使学生体会到真实的空间营造（图1）。

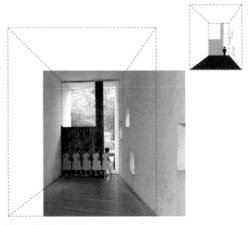
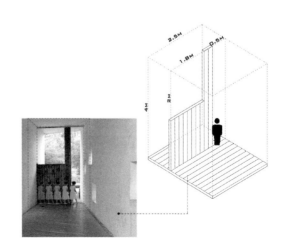

图1 空间尺度推演

3.幼儿认知行为尺度在设计中的实践

幼儿行为尺度的课程设置在幼儿园设计的前期调研阶段,旨在通过一系列的训练让学生对使用者有进一步的认识。运用学生对幼儿生活的观察,指导设计教学实践。从学生最易于观察的"人"入手,观察幼儿,进而观察到"物",到"空间尺度"。让学生尝试,以使用者作为先导,以更加明确使用者及使用者行为特征为目的,以自身的体验和过往的场景记忆作为设计的情感,进而贯穿设计始终的一次尝试。

3.1 活动行为调研

幼儿的身体尺度和行为方式与成人截然不同,每个年龄阶段的幼儿无论是身体还是心理也都发生着变化,幼儿对未知充满好奇心并且热衷于探索、爬高、聚堆等。这些特殊的活动行为都需要学生进行调研观察才能有一定的了解(图2)。

因此,在这个环节学生首先需要提供3-6岁幼儿的基本生理和行为尺寸记录,并通过测量观察其身体尺寸与行为特征,以达到对幼儿活动行为的认知,整个作业用图解或照片的方式完成。希望通过对不同年龄段幼儿身体测量,以完善幼儿身体尺寸,其中具体的尺寸除了身高外根据人体工程学原理,还有如肘部高度、挺直坐高、正常坐高、站立眼高、肩高、肩宽、膝盖高度等。还可以让学生认识到幼儿与成年人学习方式的最大区别就是幼儿可以自由地选择学习的方式,蹲着、趴着、躺着,以及三五成群的互相交流都可以。幼儿可以在课堂中进行学习,可以在游戏中进行学习,也可以在与大自然的接触中进行学习。因此如何营造一个与他们的行为相适应的建筑空间就变得尤为重要。

3.2 建筑尺度笔记

幼儿的活动行为是需要一个空间作为载体来实现的,比如幼儿喜欢在通道里奔跑,那么这个通道空间的尺度多少才是适合的;幼儿喜欢趴在窗口张望,那这个建筑构件的尺度应该是多少才符合幼儿的使用。空间尺度与人的关系决定了建筑空间带给使用者的生理及心理的感受。体验和观察使用者是设计前期阶段的重要内容。除了建筑空间之外,空间中所包含的与幼儿息息相关的构筑物,即直接被幼儿所接触的构件,在幼儿眼中同样充满了分隔空间的趣味性(图3)。

图2 活动行为调研

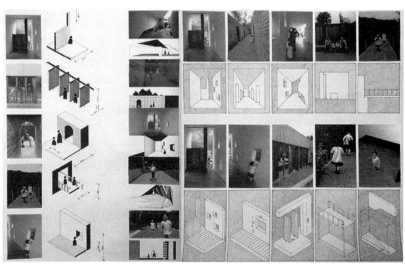

图3 建筑空间尺度笔记

因此，这个环节要求学生在幼儿基本身体尺寸确定的情况下观察记录幼儿在建筑空间中的行为活动，并提取其行为活动的特性，利用幼儿的身体尺度来推算建筑构件与建筑空间的尺度，以图示的方式抽象构件与空间的尺度特征，并标注其尺寸。在这一过程中，最重要的是引导学生通过观察幼儿的行为尺度去反推适应这种行为的基本空间尺度，这些行为的基本单位就是构建幼儿园的基本认知行为的尺度。

3.3 儿时回忆场景畅想

童年生活是我们每个人都经历过的，也都在内心深处保留着对儿时的点滴记忆，这些回忆对学生了解幼儿的行为活动特征有着重要的意义。而这些回忆的事件大多是以场景再现的形式被表达出来，就像是电影的分镜头一样，内在之间本身就存在着一定的逻辑性（图4）。

因此通过引导学生对其童年生活点滴的回忆以及对身边幼儿行为活动特征的观察，从而激发学生的观察力、感知力以及想象力，并以图示化的语言将空间场景进行抽象表达。这个阶段训练的是学生对事件的描述，是否可以抽象地提炼出对场景的表达，以及建筑空间的塑造。

3.4 "游戏盒子"——空间设计

柏拉图曾说过"儿童的本性是需要游戏的"，儿童眼中一切皆为游戏，游戏是儿童的主导活动，儿童的生活实际上就是在游戏中进行的。因此在开始设计之前，学生需要根据要求设计一个小尺度的儿童交往空间——"游戏盒子"（图5）。

根据对幼儿认知行为的观察与想象，将6m×6m×6m的立方体，设计成供3至6岁儿童游戏活动的空间——"游戏盒子"。"游戏盒子"需要体现以下空间特质：以幼儿尺度与行为活动特点为依据，设计空间、尺度及游戏方式；使用者关怀，注意材质选用与幼儿活动的安全性保障；立方体的六个界面都是可开放的，根据自己的设计确定进入方式；游戏盒子可以设置在走廊空间、灰空间、小尺度空间、亲近自然的空间等。

3.5 设计概念的提取

通过对之前四个阶段的训练，学生对幼儿的认知行为已经具备了一定的了解，接下来就是梳理出幼儿园设计的主题概念，并利用多种图示语言将抽象的概念元素转化为形式化的建筑设计，从而明确设计的起点（图6）。

图 4　儿时回忆场景畅想

图 5　游戏盒子的设计

这个阶段学生可以根据自己对生活的观察、回忆、想象来抽象刻画自己的主题概念，抽象可能描述主题的空间类型或空间布局方式，主题可以很抽象，也可以很现实，它将成为今后指导设计的一个切入点。

3.6 在设计成果中的表现

根据前期对幼儿认知行为尺度所设置的一系列课程作业，从而让学生可以转换思维视角，能够从幼儿的角度去看待建筑空间，并且适应幼儿行为认知下的空间营造策略。从概念意向的空间设计中，抽取提炼空间秩序。对单元空间的多样性与复杂性的探索，对重复空间进行整合，探讨整体空间构架下单元空间的微调与整体组织，从而完成整个设计（图7）。

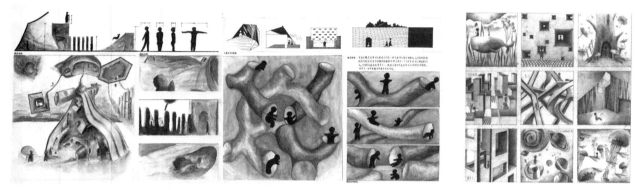

图6　主题概念的提取

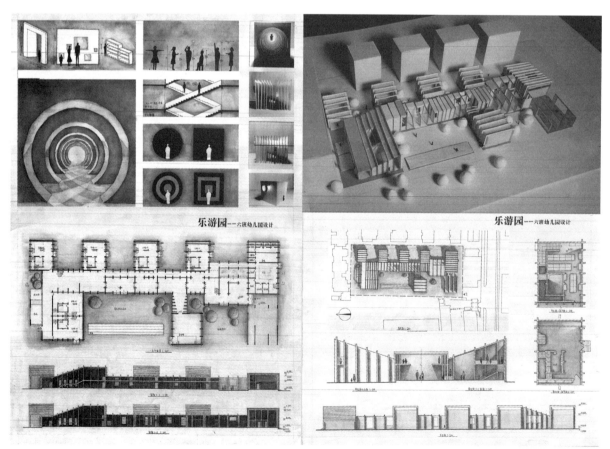

图7　学生成果作业

4.结论

　　建立一套适合使用者行为的尺度标准是基础教学一直提倡的教学方法，人体工程学理论在幼儿空间设计中的运用还是比较少见的，而这种建立在探究使用者行为空间的改革模式，必定会对这一领域建筑的发展产生深远的影响。本课题的立项不仅可以解决行为尺度与行为空间的结合问题，更可以为学生以及建筑工作者提供可以参考的读本，将幼儿尺度与幼儿行为相对应，而非以往的经验传授，以科学的方法推动建筑学专业的课程建设，具有一定的积极意义。

　　(基金项目：2015 西安建筑科技大学校级教育教学改革面上项目"基于人体工程学的幼儿行为尺度研究在幼儿园设计教学中的运用"，项目编号：JG021502)

参考文献：

[1] 马克·杜德克.学校与幼儿园建筑设计手册 [M].湖北.华中科技大学出版社,2008.
[2] 汪莉园.儿童空间认知能力的发展的培养研究 [J].现代教育科学,2011 (10) .
[3] 罗四维,黄韶发.疑惑、问询与转换——两座幼儿园的设计体验 [J].建筑学报,2000 (5) .

图片来源：

图 1：作者自绘
图 2～图 7：根据学生作业整理

作者: 王怡琼,西安建筑科技大学建筑学院　助教; 陈雅兰,西安建筑科技大学建筑学院　助教,在读博士

建筑教育笔记

Architectural Education Notes

WH 建筑课：空间表达的 What 与 How

——天津大学本科二年级"计算机表达"课程实录与反思

魏力恺　韩世麟　许蓁

WH Lecture:What & How within Spatial Representation——Record & Rethinking of Computational Representation Curriculum in 2nd Year of Undergraduate Education in Tianjin University

■摘要："计算机表达"是"软件操作"与"课程设计"之间的纽带，开设于天津大学本科二年级下学期的 WH 建筑课，就以空间表达的 What 与 How 为主线，试图以一种"启发式"和"实践性"的教学方式，对学生设计表达中建模、渲染、后期、分析图和排版等各方面各个击破，激发同学建筑空间设计表达的兴趣，并建立一种"可持续"的传承机制。

■关键字：计算机表达　本科教学　图面表达　WH 建筑课

Abstract："Computational representation" is the connection between "software operation" and "curriculum design". WH Lecture, given in the 2nd year of undergraduate education, aims to improve students' abilities in modeling, rendering, ps, diagram and layout through a heuristic and practical method, stimulate their interest in spatial design expression, and attempt to establish a sustainable mechanism.

Key words：Computational Representation；Undergraduate Education；Spatial Expression；WH Lecture

　　计算机"空间表达"是数字化时代体现建筑设计理念和意图的重要手段。开设于天津大学本科二年级下学期的"计算机表达"课程，目的是不仅使学生初步掌握计算机绘图软件的基本操作，更要综合不同软件，熟练绘制对空间表达有一定"态度"和一定"风格"的建筑平面、渲染图、剖透视和爆炸图等各类建筑图。

　　这门课还有另外一个名字："WH 建筑课"。WH 是"What"与"How"的简写，意思是"都有啥"和"怎么整"，这二者构成了此课从构思到教学，直到考核，所一以贯之的思维方式。

1."软件"与"设计"之间

　　开课前的构思中，我们对于如何定位这门 12 周的课程进行了 What 与 How 分析。

What："计算机表达"领域的内容和方法五花八门。技术方面，主要包括渲染表现、参数化建模、计算机图形编程、虚拟现实等[1]；教学方面，分为几大高校相对传统的计算机软件教学，以及培训机构和一些微信公众平台定期进行的相对"新颖"和"时髦"一些的专题讲座和内容推送。这些方面基本涵盖了当前计算机表达的教学内容。

How：关于这门课该"怎么上"，起初我们还产生了一些意见分歧，分歧主要出在两种教学方案之间。第一种，是"通识式"和"兴趣性"的全局教学方案，对许多空间表达技术均有所涉及，强调对各类计算机辅助设计工具的"广泛涉猎"和"兴趣培养"。第二种，是"启发式"和"实践性"的深入教学方案，只针对学生设计作业中普遍存在的图面表达问题，对建模、渲染、后期、分析图和排版等各个击破，强调对特定渲染绘图软件的"熟练掌握"，以及对建筑空间设计"表达欲望"的激发。

最终，我们选择了后者，企图在"软件操作"与"课程设计"之间形成一种衔接（图1）。常规设计课较少涉及软件，而软件课又难关注设计，介于"软件"和"设计"之间的"WH建筑课"，就希望适当补全这点空白，一步一步教会学生如何进行空间表达，唤起大家积极表现自己设计方案的冲动。

2. "玩儿转"系馆

"玩儿转系馆"是这门课的另一条教学主线。整个学期我们都以大家最熟悉的建筑学院系馆作为"实验对象"，从平面到建模，再到渲染、后期、

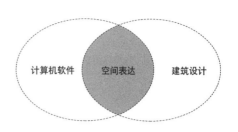

图1 "软件"与"设计"之间

爆炸图、剖透视和分析图等，使各部分内容环环相扣，从而打通整个设计表达流程，训练学生一种更加系统的空间表达意识。

Week 1 ~ Week 2：同学们从 AutoCAD 画线都不会，到能够用天正建筑软件绘制建筑学院系馆平面，然而面对一张光秃秃的系馆黑白平面裸图，如何才能接近大师效果，画出国际范？

What：一系列大师建筑总平面／平面优秀范例，总结风格特征：A. 黑白线稿 + HATCH；B. 简单清淡配色；C. Grunge 风；D. 写实风。

How：有了目标，各个击破，建筑平面表达四原则：A. 线宽、灰度层次清晰；B. 室内外表达明确，环境挤出建筑；C. 字体和指北针，smart is beauty；D. 放开眼界，风格鲜明。现场两个填色实例带领学生体验 Photoshop "清淡风"和"Grunge 风"的着色技巧。

课堂实践学生们有些手忙脚乱，但是通过我们录制的教学视频，和一个为期一周的系馆平面填色作业，大家交上来的作品却稍微有些让人出乎意料（图2）。学生作业入门级的手法显然比较

图2 "玩儿转"系馆平面学生作业

稚嫩，但同学们对于平面主次关系的把握，和敢于积极表达、探索尝试不同风格的精神值得鼓励。

3. 十分钟"傻瓜渲"

Week 3 ~ Week 4：SketchUp 建模和渲染训练必不可少。"规范性"建模是我们所一直强调的原则，好的习惯不仅能提高建模效率，更给接下来十分重要的渲染环节减少很多麻烦。

What：对渲染审美的引导应该先于渲染参数的讲解，所以在教大家渲染之前，分析一些效果图公司的优秀作品就显得很有必要。挪威 M.I.R.、匈牙利 Brickvisual、西班牙 Beauty & THE BIT、法国 DOUG AND WOLF……遍历这些世界顶级公司的作品可以发现，好效果图是有共性的：精妙的构图；恰到好处的高／角度……当然，想要实现这一切，都要从最基本的渲染开始。

How：渲染参数要从了解一些光学方面的物理概念开始，比如：直接光、间接光、全局光、漫反射、菲涅耳反射……接下来又该系馆登场了！我们已经在建模课中完成了一个比较"规范"的 SketchUp 模型，通过一个"短平快"的"傻瓜渲"，又让大家了解了 Vray for SketchUp 的基本参数。

课下练习是一个"十分钟傻瓜渲"作业，目的就是让学生初步熟悉一下 Vray 渲染界面，花十分钟左右找到一些渲染的手感。从大家提交的作业成果来看，此阶段目标基本达成（图3）。

图3　十分钟"傻瓜渲"学生作业

4．3个月该会些啥

Week 5 ~ Week 11：课程前4周基本解决了常用软件的操作问题，剩下2个月的任务就是利用已经学到的工具，尽可能充分地进行从效果图到各类分析图的建筑空间表达。

What：面临的几个挑战分别是：Vray 渲染进阶，Photoshop 后期处理，无渲染表现，爆炸图和剖透视，Adobe Illustrator 分析图，以及 Grasshopper 数据可视化等。

How：在每种方法的教学中，我们都提供具有一定独创性的案例：（1）无渲染表现：仅靠 SU 裸模导出二维图形和 AO 通道，直接进行 PS 后期，也能得到接近照片级别的表现图（图4）；（2）爆炸图与剖透视：提前对建筑空间和结构体系进行深入思考，再对模型组件、图层和剖切面进行梳理整合，充分表达空间特色（图5）；（3）建筑生成分析：建筑形体或功能逐渐生成演化的过程[2]，通常进行素模渲染，并在 AI 中完成线条和箭头的演化图示处理；（4）数据可视化：Excel 数据导入 Grasshopper，生成信息丰富且形态各异的数据可视化分析图，并实现数据联动（图6）……

图4　无渲染表现案例

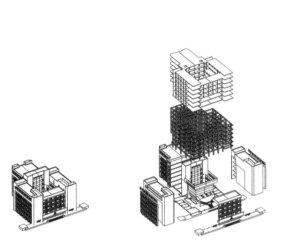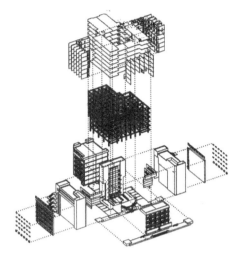

图5　系馆爆炸图案例

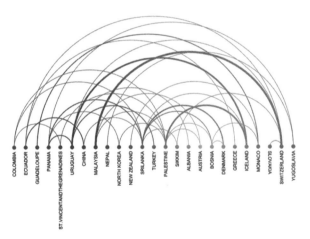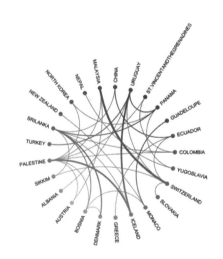

图6　数据可视化案例

5.期末图赏

What：课程的期末作业，是选择自己设计课作业中的一张最满意的表达图，可以是效果图、平面图、轴侧图、爆炸图、剖透视和分析图中的任意一种，激发学生空间表达的主动自发性。

How：How's the result？大家明显最倾向效果图，78％的同学选择提交建筑效果图，13％选择爆炸图，8％选择剖透视，2位同学选择平面图。尽管学生只提交了设计作业中的一部分，但从整体图面排版和各张小图的深度和质量来看，同学们对于图面构图和比例的审美，以及对各类空间表达方式相互配合与补充的理解，还是有了不少提升（图7）。建筑效果图自然是大家图面表达的重中之重，大家已经基本具备了建筑写实表现以及一些超现实风格化表达的能力（图8）。敢于尝试爆炸图和剖透视表达的同学也不少，并呈现出一定的风格和深度（图9）。

图 7　学生设计作业图

图 8　学生效果图作业

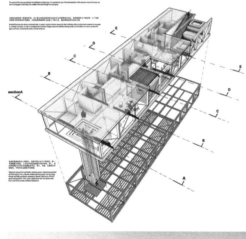
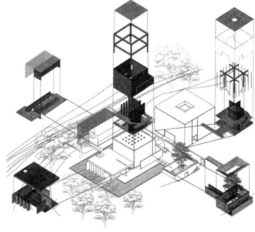

图 9　学生剖面与爆炸图作业

图10 "WH建筑课" 微信二维码

6. "可持续"的WH建筑课

学生图面表达能力的提高是 WH 建筑课最基本的目标，然而在 Get 绘图技巧的基础上，我们跟学生强调的另一件更重要的事情是："责任"与"传承" [3]。画图不能到自己画完提交那一刻就结束，而应该将一张图"从无到有"的整个历程用文字和截图记录下来，对自己的设计表达有一个巩固与反思过程，更有意义的是，这些载着学长学姐走过的弯路和收获的经验的心路历程，都将在课程结束后陆续推送到"WH建筑课"微信公众平台上（图10），也许这对于之后一批渴求入门但又无从下手的师弟师妹来说，将成为一份无比美好的礼物。有了这样一种责任和使命的推动，相信好的设计表达，也会在一代代传承中不断进化完善。

What 与 How，是一个不断往复的循环。每年 WH 建筑课 160 余名学生提交的 160 多篇设计表达绘图教程，将成为不断积累的资源，激励我们不断解决同学们之所需，不断探索更多更好的设计表达方法与技巧。这门原本 12 周的课程，也将超越学期和教室的限制，在同学们身边无处不在。于是我们一直以来强调的 What 与 How，也许更是设计表达的一种传承，一种无时无刻不在的学习和挑战精神。

注释：

[1] 魏力恺,张颀,许蓁,张昕楠. 走出狭隘建筑数字技术的误区 [J]. 建筑学报,2012,09：1-6.

[2] 周凌. 形式分析的谱系与类型——建筑分析的三种方法 [J]. 建筑师,2008,04：73-78.

[3] 孔宇航,王时原,刘九菊. 数字 建筑 教育——数字技术引发的思考 [J]. 城市建筑,2010,06：30-31.

图片来源：

所有图片均来自 WH 建筑课

作者：魏力恺,天津大学建筑学院 讲师；韩世麟,Hanshilin.com网站 V-Ray官方认证人；许蓁,天津大学建筑学院 副教授

《城市空间设计》专业课及其更新与完善

Along with the Development of Urbanization in Our Country, set up the Urban Space Design Course and Course Updates and Additions

梁雪

■摘要：伴随我国城市化的快速发展，急需城市设计方面的专业教育和理论性指导。本文回顾了作者在1990年代在天津大学开设《城市空间设计》专业课的时代背景，编著第一版和修编第二版《城市空间设计》一书的过程，介绍了这门专业课的主要内容和更新、完善部分。
■关键词：城市化背景　《城市空间设计》　课程的更新与增补

Abstract：Along with the rapid development of urbanization in our country，the professional education and theoretical guidance about the urban design was badly in need. This article reviewed the background of <the urban space design> course was set up by author in tianjin university in the 1990 s，the process of <the urban space design> was wrote and revised. and in the same time，the main content of this course and teaching characteristics were introduced.

Key words：the Background of Urbanization；<the Urban Space Design>；Course Updates and Additions

　　由我和肖连望撰写的《城市空间设计》[1]一书首次出版于2000年10月，由天津大学出版社出版。2006年我根据这一学科内容的变化和自身阅历的增长，对原书进行了内容上的增补，出版了《城市空间设计》[2]的第二版，依旧由天大出版社出版。

　　在天津大学开设这门专业理论课的时间却比成书的时间要早几年，在1998年前后我即根据当时的社会需求给天津大学的研究生和进修生开设了《城市空间设计》这门课，所使用的讲义即由我编写。1999年我会同在天津规划设计院工作的肖连望对我编写的课程讲义进行加工和完善，才有了此书第一版的书稿。

　　这本书出版后一直作为天大研究生选修这门理论课的教材，社会和学术界的反映良好；现在检索这本书，国内学术论文对此书的引用率已达120次以上，还并不包括一些书籍对此书的索引。

本文从三个方面对《城市空间设计》专业课的开设及成书过程、讲授过程加以回顾，并介绍这门专业课的主要内容和讲授特点。一、开设《城市空间设计》专业课的时代背景；二、《城市空间设计》的成书及讲授的主要内容；三、《城市空间设计》的第二版及讲授内容的更新。

一、开设《城市空间设计》理论课的时代背景

改革开放三十年，我国社会中最显著的一项变化就是城镇面貌的变化以及城市化水平的快速提升。

据《国家新型城镇化报告2015》统计数据显示，我国城镇化率平均每年提高约1个百分点，在去年（2015）则达到了56.1%，对比1988年的统计数据可以看出，在不到三十年的时间里，中国的城镇化率已经从25%发展到56.1%。

对于国内的大中城市而言，从20世纪90年代开始，城市中相继出现了旧城改造、"广场建设"和"步行街建设"等热潮，在北京、上海、天津、大连、青岛、杭州等地都出现了一些有影响的城市设计案例，出现了一些典型的广场空间和街道空间。千禧年过后，又在一些滨水城市出现了内河改造和城市滨水区建设的实践。随着大规模、大范围城市建设的进一步展开，城市建设中亟需城市设计、城市空间方面的专项系统研究，既需要专业理论的系统指导，也需要对已完成的实践项目进行系统总结。

以当时的天津为例，1980年代中期即开始了城区内主要道路系统的改造工程，构成现在市区内道路骨架的"三环、放射型路网"就是那时候开始规划建设的。同时期城市改造项目还包括：天津食品街建设、天津站建设（包括前后广场）和天津文化街的改造等。而这些项目的建成对当时全国的城市建设均有影响。

同时期大连的城市建设项目如：中山广场的整治、星海广场的建设、海之韵广场的建设等。北京市出现了对琉璃厂街区的旧区改造、西单文化广场的建设等。

我研究这些案例后发现，在当时的"广场建设"与"步行街建设"中还缺乏一些系统理论和专业书籍的引导，特别是一些"广场"建设中存在着"尺度"过大、硬铺装过多等问题，尽管这些广场的视觉效果很壮观，但并不适合普通市民的使用。

《城市空间设计》这门专业课从20世纪90年代开设以来，除了每年在天津大学的校内给研究生讲授外，我还曾去国内其他城市给政府规划部门，天大办的工程硕士班讲授。讲课地点从福州、上海、诸暨、青岛、济南、天津……直到内蒙古的乌海市，受到各地方政府规划管理部门的重视

和欢迎。讲课同时，也让我有机会看到国内更多的城市设计的现状及问题，为我后期授课增加了更多的实际内容。

二、《城市空间设计》课讲授的主要内容

城市设计的概念起源于1934年，是为了沟通城市规划与建筑设计而加设的一个专业。

1934年设在美国密歇根州的匡溪艺术学院设立了建筑与城市设计系，1957年宾夕法尼亚大学成立了城市设计专业，1960年哈佛大学在研究生院开设了城市设计专业……今天，城市设计的理论、实践和教育已经普遍存在于欧美等国家。

由于人才培养起步较早，一批早期经典的城市设计案例多发生在美国。1967年纽约市规划局首先研究和管理这个特大城市的城市设计，1970年代，纽约市和旧金山市相继提出城市设计的研究报告并付诸实施。这些案例也成为后来经典性学术著作《城市设计》中的重要内容。

1965年美国建筑师协会出版了E·N·培根（Edmund N .Bacon）等著的《城市设计》一书，并成为这一学科早期的学术经典。作者在书中曾引用学者格瑞德·克瑞恩的观点解释"城市设计"的概念："城市设计就是研究城市组织结构中各主要素相互关系的那一级设计。城市设计在实践上并不能作为与建筑、风景建筑及城市规划截然分开的一种设计。从成果看，最好将它作为前两者的一部分来实践；从程序看，则可作为后者的一部分"[3]这一观点使我们认清这一学科与已存学科的关系，也可以在大量的历史性城市中寻找今天可以借鉴的城市设计方法。

应该看到，城市设计这门学科兴起的本身就是时代发展的产物。

"很长时间以来，建筑学和城市规划两个专业就已经存在相互脱节的现象：很长一段时间，现代派建筑师对周围的城市环境缺乏研究和尊重，往往以自我为中心设计单体建筑物，而规划师花费很长时间研究城市发展，却脱离了三维空间的设计。他们往以抽象的规划条文控制和要求建筑师和建筑设计，使得建筑师无所适从。而城市设计则是可以沟通两个专业的桥梁。"[4]

我们在写《城市空间设计》一书和讲课时，内容上更偏重于城市中的空间环境设计，这也是构成城市设计的主体。

良好的城市空间环境涉及空间的尺度，空间的围合与开敞，空间节点与自然环境的有机联系等。具体来说，城市中的广场、街道和公园、绿地系统一起构成了城市开放空间的主体。如果将这个系统向外延伸，城市空间设计还包括如何对影响城市形态的关键性要素加以控制，研究如何保留城市中原有的空间体系、道路系统以及城市

结构，从而使后期的局部城市设计能够与原有的城市格局相呼应。最后一点也是规划师在进行城市更新与旧城改造之前需要做的基础性研究工作。

2005 年以前，我课堂上给研究生讲授这门课的提纲主要是参照 2000 年出版的《城市空间设计》一书中的章节。全书共分为五章，第一章：城市设计与规划的发展。第二章：城市空间的认识方法。第三章：城市中的广场与街道。第四章：城市绿地系统。第五章：城市空间设计的若干手法。课堂讲授时也基本以这样一个结构加以详细讲解，有时会有所侧重和增减。

在这个结构中，后面三章主要是归纳、分类和分析国内外的经典案例，然后从中归纳出可资借鉴的城市设计手法。

第一章则在总结三个阶段的城市设计（规划）理念的基础上，重点介绍了 20 世纪 60 年代以后有关城市设计方面的重要理论著作和学术观点，其中包括从凯文·林奇的《城市的意象》(1966 年) 至荷夫所著《城市形态和自然过程》等十余本学术著作和重要的学术文章。第二章则从形态构成的角度和人体尺度、视觉分析的角度来谈城市空间的认识方法，从围合空间的角度来看建筑界面的构成处理，向建筑师提出另一个看待城市空间的角度。

在书中收录和讲课课件的案例选择中，既选择有欧美国家早期的经典性城市设计，也有现代城市规划中的成功实践，既有天津等地历史街区的节点，也有国内北京、天津、大连等地新出现的广场设计，以及一些历史街区的改造与更新。

从书中第五章总结的设计手法看，现代城市比起古代城市和近代城市更加复杂。在古典时期，城市设计师主要受古典美学的影响，工作时更多地要考虑轴线对称，视觉有序，行进序列等古典原则，而在现代城市设计中，设计师更要着眼于城市发展、保护、更新等内容；工作时除了考虑上述因素，还要考虑普通市民的行为和心理，以及当他们在城市中停留或运动时，周边围合界面使他们产生的不同空间感受。对于服务于不同年龄段的城市开放空间，设计时要采用不同的设计手法等。

三、《城市空间设计》课内容的更新与完善

2001 年至 2002 年，我作为访问教授在美国密歇根大学任教一年。在此期间，我除了给他们开设一些有关中国堪舆学和古典园林的讲座外，还旁听了密歇根大学建筑学院的几门课，特别是有关城市设计方面的课程，以了解有关建筑学和城市设计的最新进展。同时，我利用课余时间实地考察和走访了美国与加拿大的一些大中城市。

比较中美之间的建筑教育，特别是研究生的专业教育，让我印象深刻的是，老师在专业课的讲授中会指定学生在课下阅读大量的相关参考书，并在课上组织学生讨论书中的相关内容，应该说，这也是美国研究生教育的一大特色。

回国后，曾将在美期间的研究、调查成果写成了两本理论著作：《美国城市中的风水》[5] 和《三城记———一位建筑师眼中的美国城市》[6]，内容上都是与城市设计、城市的认识有关。

重新审视《城市空间设计》第一版的内容，觉得有必要在书中和专业课上增加和补充原书第二章的内容。在 2006 年改版的书中，又加入了我在美写作和调查中的心得，以及一些亚洲学者的理论著作，如日本学者芦原义信所著《街道的美学》，我的老师彭一刚先生的著作《传统村镇聚落景观分析》等。这些参考书目和简介，作为城市分析的一种方法，对我国的研究生了解城市设计学科的发展具有一定的启发、借鉴意义。

2006 年第二版更新的另一个重要部分是增加了书中的第六章，内容为城市的滨水区建设。2005 年以后开设的《城市空间设计》课即以这个版本的书为主要教材。

从 20 世纪 60 年代开始，一些美国学者将城市中的内河改造作为振兴城市旧区的重要途径，如美国圣安尼市圣安东尼河的滨水区设计等。以后的学者也多将城市滨水区作为城市设计中的重要组成部分加以研究。

在我国，从 1990 年代开始建设的"上海浦东陆家嘴富都世界段的滨江大道设计"，从 2003 年前后开始启动的天津市海河两岸的滨水区建设等，都是近 30 年来我国城市发展中城市改造与更新的典型案例。

以天津市的海河开发为例，仅在 2003 年的一月份就吸引国内企业投资 11.6 亿元人民币，成为拉动城市经济，改善城市面貌的重要环节。

2004 年，我指导的研究生刘莹完成了硕士论文《城市滨水区空间形态分析》。在写作第

六章的时候，我采纳了她的一些研究成果，同时也加入了我对美国芝加哥等城市滨水区的实地调研。

《城市空间设计》第二版的书稿在 2006 年完成修编后又已过去了 10 年。现在每年春季我都会继续给天大的研究生讲授这门理论课。每年讲课前，我都会对原来所作的电子版课件加以更新和调整，尽可能加入一些新的参考书和新的内容。以第二章的"城市认识与分析方法"为例，国内外学者的文章和论著已经增加到近 30 本，如（美）斯蒂文·霍尔有关现象学的几本新书，（美）戴维·戈斯林等著的《美国城市设计》[7] 等。

从 1998 年前后我在天大开设《城市空间设计》这门课至今已经过去将近 20 年。在这 20 年中，伴随着"城市设计"观念的深入和普及，一些大中城市相继制订和出台了规划类指导性文件《城市设计导则》；大学中一些新的课程设置（如《城市设计理论》、《历史城市的保护与更新》）就是从《城市设计》理论框架中引申或发展而来的。

结合我国近 30 年的城市快速发展，再来审视当年所写的《城市空间设计》一书和这门理论课后会感到：这类学术著作往往是对某一阶段的设计、规划类实践的总结，出版后又可以去影响和指导下一轮的设计实践。随着人类对自身生活环境的不断改善与提升，新的理论思潮又会层出不穷。

对于不断变化的城市环境，任何理论都应该处于一种不断完善与修正之中，特别是像这种与国家的社会、经济发展联系得如此紧密的学科。

让我感到欣慰的是，近年各个地方的政府和规划部门越来越重视有关城市设计的相关内容，特别是许多城市开始编制和实行"城市设计导则"，并有更加细化的趋势。

在上海市 2016 年推出的《上海市街道设计导则》比较详细地规定了步行街的设计、路面划分等相关内容，使我国城市设计的理论与实践又向前推进了重要的一步。此外，《城市设计》的主题和外延学科已作为 2016 年天津市《一级注册建筑师培训》的主要内容，需要职业建筑师加以了解和掌握。

注释：
[1] 梁雪，肖连望编著. 城市空间设计 [M]. 天津大学出版社 ,2000.
[2] 梁雪，肖连望编著. 城市空间设计 [M]. 天津大学出版社 ,2006.
[3] E·N·培根等著. 城市设计 [M]. 黄富厢、朱琪编译. 中国建筑工业出版社 ,1989：1.
[4] 梁雪，肖连望编著. 城市空间设计 [M]. 天津大学出版社 ,2006：12.
[5] 梁雪著. 美国城市中的风水 [M]. 辽宁科技出版社 ,2004.
[6] 梁雪著. 三城记——一位建筑师眼中的美国城市 [M]. 生活·读书·新知三联书店 ,2004.
[7] [美] 戴维·戈斯林，玛利亚·克里斯蒂娜·格林斯著. 美国城市设计 [M]. 陈雪明译. 中国林业出版社 ,2005.

作者：梁雪，天津大学建筑学院教授，国家一级注册建筑师

文化人类学视野下的非洲民居探析

孟志广

An Analysis of African Folk House from the Perspective of Cultural Anthropology

■摘要：本文对文化人类学理论进行了简要介绍，试图从中梳理出能够应用于民居研究的文化方法。通过对习俗、宗教、图腾与神话、装饰与象征等文化因素与民居的相互影响及作用的分析，探讨了对非洲民居进行研究的新视角和切入点。

■关键词：非洲地区　文化人类学　文化空间　民居

Abstract：The cultural anthropology theory is briefly introduced，which tries to sort out the cultural methods which can be applied to the study of folk houses．Through the analysis of the interaction and influence of customs，religion，totem and myth，decoration and symbol，this paper discusses the new angle of view and the starting point of studying African folk house．

Key words：The Africa Region；Cultural Anthropology；Cultural Space；Folk House

　　传统民居是地域文化的物质载体，受到其所处场地、文化和生活习俗的文脉的影响。研究民居不能局限于传统建筑学的理论与方法，而且应当运用文化人类学的视角与方法，结合亲身的环境体验和田野调查，对民居放在地域文化中进行考察，将之与生活方式、社会结构、传统习俗、宗教仪式、文化象征等进行相互联系，在相关性中探究其民居形式背后互动关联的社会文化。这对于重新理解非洲民居具有重要的现实意义。

1　文化人类学及其方法

　　文化人类学的工作主要在于对人类的社会活动和文化进行讨论和分析，试图探寻社会间文化差异的根源。"在实际的运用上，人类学、民族学、社会学等又常常是混淆不清、可相互替代的概念……"[1] 所以文化人类学是一门从文化角度来研究人类社会一定地域的人的行为的学科，其研究目的在于理解文化的变迁过程、地域文化差异的来龙去脉以及探寻其演化规律。

文化人类学最主要的研究方法是田野工作法，即在一个具体环境中进行持续的直接观察与体验，强调研究者的主动性与参与性，通过直接而深入的调查来取得第一手资料，这也是文化人类学最基本的研究方法。其他还有通过背景架构来解释研究群体行为的社区关系研究法；为探求人类行为的共性与差异性规律而采用的交叉文化比较法；以主位与客位的局内人或者局外人不同角度研究的自观研究法和他观研究法；另外还有反映一个文明中内省的少数人的传统和非内省的多数人的传统的小传统与大传统研究法等。

西方对非洲的人类学研究早期基本被英法人类学家主导，相关研究活动主要始于大约20世纪30年代的英、法两国对非洲殖民统治的需要，主要为通过田野调查对非洲当地人的行为与文化进行描述。到20世纪四五十年代，英国的人类学研究在非洲方面有所突破，埃文斯－普理查德（E.E.Evans-Pritchard）通过对努尔人在无中央政府状态下的社会组织和运作研究，使得人类学跳出传统功能理论——参与观察之后加以客观记述的研究方法，将田野调查法与整体论思想结合，更真实全面地反映了社会系统的各个制度之间相互关联与影响。法国文化人类学派则带有严重的法国文化中心倾向，更强调历史观。非洲独立后，非洲本土的人类学者开始重新发现和定义自身，强调人类学更加注重解决实际问题的实践作用，以应对和解决现代化带来的新问题。

由于受到中国发展阶段的客观条件制约，中国对非洲的研究起步较晚。"中国对非洲的研究是从政治经济学入手的，并且始终与国际环境、非洲形势及中国外交战略和中非关系的发展变化联系在一起。由于研究力量的学科分布不均衡，导致各个学科、各个领域的研究水平参差不齐，有些领域的研究，如对非洲政治、历史问题的研究已经达到相当的深度，有些领域的研究仍十分薄弱，比如，涉及非洲的人类学研究目前在中国几乎是空白。[2]"但随着中非交流日益趋多，越来越多的学者展开了对非洲的人类学研究，目前国内一些高校和研究机构已经开始重视和加强这方面的投入与建设，比如浙江师范大学的非洲研究院目前已发展为国内规模最大、综合实力最强的研究机构，非洲研究成为浙江省的特色学科。

2　文化人类学与民居研究

民居研究从19世纪起在西方建筑界一直都是非主流，直至20世纪80年代西方和日本的学者开始对民居进行研究。其中国外和中国在研究方面具有明显的区别：中国学者大多为建筑师，研究角度多为建筑的造型和功能等物质空间方面；国外学者大多为地理学家和人类学家，研究角度也多聚焦民居建造的人文社会背景和使用者。

人类学专于社会结构和文化空间方面；建筑学则是以城市、村镇、聚落、房屋为对象，着眼于物质的空间构成、构造、材料等技术方面[3]。

建筑学通常用空间来组织和解释建筑，而人类学则把建筑空间作为不同社会制度的形态，受到习俗的影响。建筑学把建筑作为建成环境，而人类学则把建筑作为场景，包含场所的精神层面。建筑学通常用视觉来感知建筑，而人类学则通过触觉等亲身参与体验来感知建筑。运用文化人类学理论与方法对人类社会性活动以及习俗等文化方面进行讨论，可以更深入挖掘民居建筑形式形成与变化机制的原因，以及建筑与环境的文化意义，并且可以对仅从传统建筑学视角对民居文化解读这一不足进行有效补充。也正是基于对此观点的普遍认同，随着对民居建筑领域研究的不断拓展，文化人类学的理论与方法也逐渐被学术界广泛采用。

从文化人类学的观点看来，各地的民居文化之所以产生异同，在于文化内部有着独立定型的机制，这包括生态环境（地域、语言、人种）、社会（社会生产方式、社会结构等）和心理（原始概念、心态、民俗）[4]。民居文化受到多方面的复杂因素影响。近年来，国内外学术界在研究民居时努力把民族学、人类学、社会学等综合起来，以便来更深入地探寻民居形式背后的深层文化影响因素。

民居研究从单纯的物质空间研究转变到文化人类学视角的文化研究，反映了民居作为建筑既是容纳人类生活行为的物质空间，同时也是承载社会习俗等地域文化的物质载体。历史、习俗、仪式、宗教等社会文化是具体物质空间的存在背景，并影响着民居形制。民居的功能空间则反映了特定文化下人的社会活动和人的行为。两者相互联系、相互依赖、相互影响。通过对文化人类学理论与方法的广泛运用；对民居的研究也由单纯的民居造型、内部空间、家具陈设、雕刻细部等单体对象拓展到与室外空间以及乡土聚落的概念扩大。通过对文化人类学的视角研究，有助于解释更多的建筑内涵和精神意义。

民间建筑研究者在本土社会考察下层民居的同时，也有必要努力掌握民俗文化系统自身的解释习惯，对民众文化传统进行理解。更为深入的研究意味着克服与民众的隔膜和向民众解释对传统的尊重，精英文化传统和某种主观态度将会限制对民居建筑文化的系统考察，妨碍研究者揭示对民居建筑传统的意义的解释，并影响研究结论的完整性[5]。

尽管文化人类学已逐渐成为对民居研究的常用理论与方法，但是由于非洲民居一直在西方建筑学界被视为非主流，而且非洲本土的文化人类学研究起步较晚，所以目前对非洲民居的研究成果主要是对民居的形式的展示与物质空间的阐述。从文化人类学角度对非洲民居进行解读的研究基本还是空白。本文避开对建筑形式及材料本身的描述或分类，运用文化人类学的原理和方法，将民居与生活方式、宗教仪式、社会组织、价值观、传统习俗等进行相互联系，在相关性中探究其民居建筑形式背后互动关联的社会文化。

3 对非洲民居的文化人类学考察

3.1 传统习俗与民居

非洲是世界上面积第二大和人口第二大的洲，地域辽阔，种族复杂，民居类型也较为多样，但均就地取材，民居形式与当地传统习俗密切相关。

在非洲，人们认为拥有财富的数量是通过牛羊的多少而非住宅的精美来展现的，所以常见的圆形茅草棚屋民居形式成为典型的传统民居形式。

在民居形状方面，古埃及人传统习俗中的概念为方形，所以埃及人不论采用任何材料建造民居均一直采用方形的民居形式。尽管埃及人很早就掌握了穹顶的建筑方法，同时圆形屋顶比方形屋顶建造起来更容易，但埃及人极少采用穹顶作为民居屋顶，即使在必须采用的时候也尽量在外观上隐藏起来。

在民居内部空间方面，由于传统非洲社会是一夫多妻的家庭生活模式，男性在各个妻妾房间轮宿。这种生活模式直接影响了民居的空间形式。比如喀麦隆地区，民居为四周妻妾房间围绕围场中央的环形空间布局（图1）。而同是一夫多妻家庭结构的马萨伊人和芒丹人，则由于传统习俗中对谷仓和牲畜的重视程度不同，形成民居空间中央分别为谷仓和畜栏的不同空间布局（图2、图3）。家庭结构是一夫一妻还是一夫多妻，决定了民居空间形式的不同，而内部空间布局则与家庭和社会的组织方式密切相关（图4）。除去一夫多妻的家庭模式外的其他民居空间，同样受到传统生活习俗的影响，比如埃及人由于遵循男女分处的习俗，反映在民居空间中则是男女空间的分割非常明显，一般男女分别拥有单独的房间，即使条件不允许的贫困家庭，也会采用同一房间内部进行男女空间划分的做法。民居空间形式与空间布局生动地反映了不同的生活模式。

在民居的外部空间方面，同样受到传统生活习俗的影响。非洲人传统里注重户外活动空间，喜欢把工作、劳动、社交与文化都在封闭的空间之外举行。比如卡比利亚（Kabylia）人仅把住宅作为保护免受有害天气和自然暴力威胁的临时的避难所，民居作为私密的一个局部，公共活动的庭院广场以及举行仪式的房间远比民居本身更重

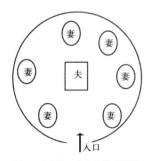

图1 喀麦隆一夫多妻模式民居

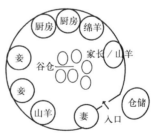

图3 喀麦隆马萨伊人民居

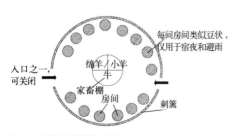

图2 喀麦隆芒丹民居

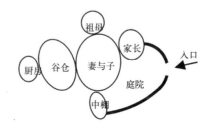

图4 喀麦隆一夫一妻模式民居

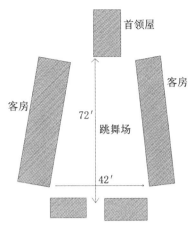

图 5 新几内亚人户外活动广场

要；在西非的约鲁巴（Yoryba）民居组合群的布局形式为按照血缘关系居住的四间以上民居环簇中央庭院，形成作为公共活动空间的方形围场，仅留一个出入口来满足领域划分和防御功能（图5）。

对于交往空间方面，中国人喜欢在街道攀谈，而北非的传统则是男人在咖啡馆、女人在井边，意大利人则喜欢在广场交往。在北非曾经发生过这样的事情，法国人为当地村庄铺设水管引进水源，但是遭到了当地居民尤其妇女的极力反对。而调查的结果是由于当地的伊斯兰社会中妇女是禁锢的，出门打水是她们唯一的外出机会。

3.2　宗教神话与民居

在非洲，民居不仅是用来居住，更主要的意义是精神上的——民居是与神灵联系的媒介。在民居中有许多空间是划分为神灵居住的，这点与中国民居中有专门供奉祖先灵位空间的情况很相似。比如非洲游牧民族的帐篷象征着神的居所，在帐篷周围划有神圣与俗世的界限与范围。非洲的多贡（Dogon）人会把去世亲人的灵位供奉在民居屋顶，只有在必要的时候会动用面具来劝服亡灵暂时回避。所以在这里民居不仅是生活的住宅，同时也是神圣的空间。

对于非洲人而言，圆形和方形的住宅的分布位置会受到宗教的影响。这点类似于中国由风水师来决定民居位置的情况。比如马达加斯加岛的特拉诺人（Trano）由于恪守宗教规则，民居的位置严格按照星象学原则确定。

在非洲的霍屯督人（Hottentot）的宗教文化里，圆是最完美和神圣的形式，所以他们居住的地方都是圆形的，并且呈环绕中央圆形的牛棚排布，酋长屋通常精准地坐落于建造那天太阳升起的地方，借此可以推断出该聚点在一年中的构筑时节。其他人的住房则依照等级秩序顺着一天中太阳运行的轨迹排布 [6]。

由于神话与宗教融入了非洲人的生活之中，所以生活中的建筑与事件都受到神话与宗教的直接影响，社会秩序、思想观念均与宇宙的秩序息息相关。

神话传说也直接影响了非洲传统民居的形式。在非洲大部分地区，茅草棚屋被认为是民居的典型形式，如果有人建造其他形状的住宅则会被认为将受到诅咒，类似的神话扼杀了民居形式的创新，但同时也使得传统的民居形式具有了延续的活力。

3.3　装饰图腾与民居

图腾信仰是人类最古老的宗教观念之一，图腾观念起源于原始氏族社会。图腾信仰实质上是原始的自然崇拜和原始的祖先崇拜观念相结合的产物，是一种人格化的自然崇拜观念。在非洲，由于传统的宗教观念深入人心，所以对图腾崇拜的现象比较盛行。图腾崇拜有利于加强家族、氏族、部落和部落联盟的团结，维持其稳定。图腾禁忌也约束着人们的行为，起到强化对图腾崇敬的作用。

图腾崇拜、神话是非洲人生活方式、思维惯性、宗教信仰的折射。如蜘蛛、豹、贝壳、大象、蛇、鳄鱼等动物形象被非洲人作为传统的图腾崇拜对象并沿用至今。这些图腾图案一般是将动物的形象进行艺术加工，转化为符合非洲人审美观念的艺术形象后加以利用。图腾崇拜对非洲传统民居艺术，尤其是民居建筑装饰有着重大的影响。在非洲地区，一些庄园主均拥有数量众多的仆从妻妾和牛羊，常常采用图腾柱的精美来显示财富和地位。比如在非洲的贝乌尔（Peul）部落里，尽管民居较为朴素，仅用比较厚实的茅草捆扎做屋顶，但是财富和权势通过图腾柱的精美装饰来象征和展示。

在非洲民居的雕塑和壁画中，图腾是主要的创作内容。与欧洲雕像不同——没有正常的人体形态，没有复杂的动作，也没有多人物的构图，而是通过非常夸张变形的手法来表现。这种怪诞的雕像造型是非洲原始部落对客观世界的心理反映。在非洲雕塑作品中，存在着一种感人之深的纯朴、稚拙、粗犷，并富有纪念性和节奏感。在原始部族的生活，非洲人认为，死亡不是生存的终结，而是生命的另一种转移。他们强烈崇拜死者，认为死者永远存在于活人中间，相信他们有超自然的力量。但是人们认为灵魂需要一个新的躲避场所——就像人的躯体一样，在那里灵魂才能继续生存。于是他们创造了雕像来容纳死者的灵魂，雕刻作品被看作是一种具有魔力的神物。因此对于黑人来说，雕像是不是酷似人像无关紧要，主要是给幽灵制造一个栖身之处。他们认为宗教仪式用的小雕像是祖先灵魂、大自然的灵魂、神 灵魂的化身，认为小雕像附着灵魂的本性 [7]。

非洲传统民居雕刻有着浓郁的地域艺术风格，并不追求形象的逼真而是整体的写意，以简洁的线条、夸张的几何形体造型、古朴自然的表现形式展示出神秘奇异的艺术风格，从而影响了现代绘画巨匠毕加索开创的"立体主义"。

3.4 仪式象征与民居

传统非洲人与古代东方人的思维方式较为相似，均侧重于象征而非推理，产生的哲学、艺术、文化具有类似的风格，充满了原始性，天真、自然、率性而又充满象征的神秘感。因此要更深入地理解非洲社会，就必须从仪式和象征入手。

传统非洲的多贡人和班巴拉（Bambara）人，日常生活中的事件与实物均充满了象征意义。象征性成为社会生活中的主要环节。比如装饰饰的面具象征着驱逐亡灵鬼魂。其中非洲的多贡人以及新几内亚的科纳祖(Kena Zu)虽然生活重物质匮乏，但却保持着精神上的富足，拥有多达几千种的象征元素，并且有着高度复杂的仪式生活。在他们的生活中，天与地、螺旋形的田埂象征宇宙起源，村落的空间布局象征着人体结构的和谐关系。非洲多贡人的酋长屋，则象征着一个较小尺度上的宇宙模型。酋长民居不仅仅是酋长的居所，更象征着最高宗教和政治领袖的无限力量。这点与古印度的情况很相似。

民居作为人类日常居住生活的场所，经常象征着男性或女性的身体或某种动作的姿态。比如多根、坦伯马、卡塞那（Kasai Na）和南卡尼（Nankani）民居，通常用来象征男人、女人或男女的结合。民居的构成部件也与人体——对应，泥土象征肉体，水象征血液，石头象征骨骼，墙面象征肌肤。民居的空间命名则更直观地反映着其空间的基本使用功能，但却很少涉及其功能及用途。名称均与人体有关。比如"嘴"象征前门，"唇"象征门槛，"胃"象征粮仓，"头"象征厨房。同时民居的位置和朝向等均赋予了相应的象征意义，墙壁饰的花纹和色彩则象征了宇宙和神的形象等。色彩也象征了不同的意义。例如，白色作为先人遗骨的颜色，象征着死者和神的世界；黑色具有审判、巫术的意义，象征生者的世界；红色是血液的颜色，象征危机等。

4 结语

本文突破单一建筑学学科的研究局限，基于文化人类学的理论与方法，对非洲民居进行文化解读，不难发现人类的社会文化和民居建筑之间有着不可分割的关系，民居形式受到社会文化的深层影响，同时反映着独特的文化意义。民居形式既是物质性空间表达，也是社会文化制度的形态，在物质表象背后，蕴含着丰富的社会关系。从上文的几个研究侧面可以看出，文化人类学作为对民居研究的切入点，来探究建筑与社会、文化之间的内在相互关系，挖掘物质表象背后的精神文化。通过对民居文化的探析，探寻传统民居所代表的价值观，以及如此受欢迎的合理存在，从而有助于地域文化的传承与发展，有助于在非洲地区民居设计中倡导与地域环境融合的设计思想。

（基金项目：浙江师范大学 2014 年度校级科研项目非洲研究专项青年项目，项目编号：14FZZX08QN）

注释：

[1] 刘宝俊 . 民族语言学论纲 [J]. 中南民族学院学报（哲社版），1994 (5)：109–114.
[2] 张宏明 . 非洲研究在中国 [R]. 日本贸易振兴机构亚洲经济研究所学术研讨会，2007.
[3] 瓦茨拉夫·胡宾格尔 . 人类学与现代性 [M]. 北京：北京大学出版社，1996.
[4] 怀特（LeslieA.White）. 文化的科学——人类和文明的研究 [M]. 济南：山东人民出版社，1988.
[5] 联合国教科文组织 . 内源发展战略 [M]. 北京：社会科学文献出版社，1988.
[6] (美) 阿莫斯·拉普卜 . 宅形与文化 [M]. 常青等译 . 中国建筑工业出版社，2007：48–49.
[7] 牟晓燕，李进学 . 黑非洲的木雕艺术 [EB/OL]. 2013-07-23 http：//finance.sina.com.cn/j/20070630/18063741917.shtml.

图片来源：

图 1 ~图 5：作者自绘

作者：孟志广，浙江师范大学地理与环境科学学院城乡规划系 讲师

以创新的视角进行建筑遗产保护

——以非古村落的传统村落转型为例

何梦瑶　陈焱木

The Protection Strategy of Architectural Heritage with Innovative Perspective:Taking the Transformation of Traditional Villages Which are not Ancient Ones as an Example

■摘要：本文通过比较分析城乡发展与遗产保护之间的矛盾，以及采用旅游开发进行村落遗产保护的一定局限性，提出了一种更为广义的遗产保护方式，即针对非古村落的传统村落，以活态传承的思想为基础，用创新的视角，保留和继承传统元素，同时与现代化的需求相结合从而探索一种与时俱进的村落转型和发展保护的形式。

■关键词：村落与古村落　城乡发展　遗产保护　村落的转型　广义的"遗产保护"　活态传承

Abstract：In this article，through comparative analysis of the contradiction between the urban and rural development and heritage protection，and the certain limitations of using the tourism development of village to protect villages．This paper proposes a more general way of heritage protection，in view of the traditional village，and based on the live transmission of ideas，with the perspective of innovation，keep and inherit the traditional elements，at the same time，combine with modern requirements to explore a kind of advancing with the times in the form of the village transformation and development of protection．

Key Words：Village and Ancient Villages；Urban and Rural Development；Heritage Protection；the Transformation of Village；Generalized the Heritage；Live Transmission

一、村落研究现状

1. 村落与古村落的概念

村落一般指村庄或农村居民点。聚落是一定地域范围内人们的生活和生存环境，包括城镇和乡村两个基本类型。村落是聚落的一种基本类型，自古有之。而古村落则指的是那些村落地域基本未变，村落环境、建筑、历史文脉、传统氛围等均保存较好的古代村落。清华大学建筑学院陈志华教授总结古村落的 6 个特点为：①年代久远；②科学成就很高；③与自然融为一体；④村落规划出色；⑤有书院和村塾；⑥有公共园林。

2. 从建筑学角度谈对村落的研究

目前对于村落的研究主要是从物质空间入手，表现在建筑和规划两个层次，建筑学关注村落中乡土建筑的历史价值与保护意义，试图通过对乡土建筑的调研汲取古代工匠独特的建造方式与构造手段，前人对于房屋的建造往往讲究因地制宜，因此对于这类知识的掌握有利于相对避免再建造或改造时出现的风险。而规划方面主要是对村落中的居住区、生活服务设施以及公共建筑进行简单的规划。

3. 村落的研究与旅游业相结合

传统的村落蕴含着丰富的物质文化遗产与非物质文化遗产，是祖辈留给我们巨大的财富，目前对传统村落的保护最普遍的方式是将村落修复与传统旅游相结合，这样一来，一方面，由旅游业产生的费用可以带动村落的经济发展，给村民带来经济效益，帮助他们摆脱贫困；另一方面，这些费用也可以承担景区的日常维护和管理费用，由此，政府扶持景区的压力减小，村落的保护落实才更有可实施性。所以说，在传统村落保护和发展的模式上，利用城市快节奏生活给城市白领造成的精神压力需要得到释放这一点，将村落保护和旅游开发、农家乐和乡村体验相结合是目前比较常见的形式。

4. 村落发展面临的问题

然而，社会发展不会停滞不前，随着新农村建设和乡村旅游的发展，商业规律对开发的主导作用使得因地制宜的传统村落变为千篇一律的城市化钢筋混凝土住宅和乡村旅游景区。传统村落风貌与历史文化遗迹渐渐退出历史舞台。可以想到，对传统村落的保护若是仅仅以旅游发展为手段，仅考虑市场需求，将传统村落都变为景区，那么数量如此庞大的旅游目的地是否会出现供过于求的情况；另外，并不是所有的传统村落都有作为景区的价值，有相当数量的非古村落式的传统村落存在，但是他们作为历史遗迹，也许有着非常丰富的历史文化遗产值得后辈传承，那么对于这部分村落，是否应采取新的手段进行保护；同时，村落的保护固然重要，城市的发展与村民日益增长的生活需求也不容忽视。

二、城乡发展与遗产保护

1. 矛盾

城乡发展与遗产保护实际上是两个相悖的课题，目前来看，城乡的发展以"现代化"为标识，主张向未来展望，向"工业化""机械化"时代致敬，而遗产保护则是主张回归历史，保护传统祖辈留下来的珍贵遗产。国家的土地资源是有限的，城乡的发展在一定程度上会以牺牲遗产为代价。

2. 探索更广义的"遗产保护"

城市的发展适应现代化的潮流趋势有自己的一套发展模式，为了适应人口的剧增与城市化进程的加快，城市逐渐向垂直方向发展，高楼林立。然而乡村作为人类聚落的另一种重要的表现形式却往往受到现代人的忽视。

虽然越来越多的建筑师和规划师开始着眼于古村落的保护研究工作中，但对文化遗产的保护也许并不仅仅是建筑重现，供人们回味历史的古村落需要存在，更为迫切的也许应该是寻找一种现代化的乡村聚落模式与发展状态，使得传统的村落在保留其优秀传统元素的同时，适应和协调现代的社会环境要求。这是一个普适性的研究，针对于现代几乎所有非古村落的传统村落的革新与现代化，也许是更广义的遗产保护。

古村落的修复或是历史街区的更新。在目前看来，一方面是对历史的尊重与还原，能够让更多的孩童了解历史，接近历史；另一方面，也能带来经济效益，使得更多的当地村民受益，同时带动片区的经济发展。但是由于历史的风霜洗礼，真正有价值留下来能让后人看到真实历史写照的古村落并所剩无几。因此，也许建筑师的眼光应该不仅仅是局限于对古村落进行保护与革新，更重要的是为所有的村落提供一种普适性的发展的可能性。保住的不应该仅仅是所谓遗留的较为完整的村落及其建筑的外壳，例如历史文化名村宏村、西递等，保住的应该是祖祖辈辈所流传下来的传统村落景观和乡土建筑中优秀的元素，而这种方式的遗产保护在一定程度上带动了乡村的现代化发展，赋予乡村一种适应现代社会的发展模式。

三、村落的转型

1. 传统民居的缺陷促使村落转型

现代化的住宅之所以受到村民的喜爱，也许是因为它是随着现代社会进步而催生的产物，传统的民居建筑虽然是非常珍贵的物质文化遗产，是祖辈们因地制宜的智慧结晶，然而必须承认它们在一定程度上已经很难满足现代人生活的需求了。

举例来说，传统住宅由于材料强度的限制，建筑体量很小，比较常见的是一明两暗三开间的房屋，房间数量有限，因此房间多用来居住，诸如卫生间此类功能并无考虑，而这也许也与古代居民没有现代化的淋浴设施有关。然而，随着太阳能热水器以及电热水器的普及，现代化的淋浴设施已经成为现代居民不可或缺的生活必备品，因此村民总是在自己住宅旁边修建一个独立的混凝土小房子以弥补，影响美观同时破坏传统村落风貌，却是不得已而为之。

2. 转型引发的矛盾与问题

传统的村落从来没有停止转型，这是一种自发的运动，随着居住在同一栋建筑里的人不断的更新换代，村落系统在空间布局形态、景观、人文、乡土建筑空间功能构成等方面均有一定的变化。然而事实上，这种没有宏观控制的自发运动在这个城市化进程如此之快的现代社会会引发一系列的问题和矛盾。

（1）村落中的建筑现状

我用图示的方式对目前乡村的建筑分布状况进行分析（图1）。建筑形式分为三种。①原有的房屋。大多破败不堪，已经无法满足现代人的日常生活需求，甚至有绝大一部分处于废弃状态，不能居住。②加建的房屋。由于原来的老宅不能满足增添的人口的居住，因此在旁边加盖风格迥异的现代混凝土楼房。③新建房屋。农村人民将能换上现代化住宅当成脱贫的标志，希望能够住在拥有城市住宅形态的房子中，导致新建的房屋也完全与传统建筑脱节，显得格格不入。

（2）村落中宅院的分裂与迁移

村落中的空间往往是以家庭为单位进行划分，而家庭所对应的则是宅院。传统的农村家庭习惯于立而不分、分而不散地形成同堂生活的大家族，家庭生存依赖家族保障，家庭的衍生并不一定对位着家庭的分裂或分裂的速度极慢。然而现今的乡村家庭独院独户已成为普遍要求，而每一个家庭的分裂在空间的形式上则对应着宅院的分裂。甚至当拆除更不上子孙繁衍的步伐，则在宅院分裂后便表现出向周边发展的趋势。

举例来说，在调研位于云南省临沧市临翔区的圈内乡的传统村落——斗阁村——时，村落布局沿着山势而上，山顶上是一片墓地，占据风水极佳处。站在山顶向下望，可以看见民居屋顶层层跌落，此起彼伏的屋顶与周围绵延不断的山脉形成天然的呼应。斗阁村房屋布局紧凑，房屋与房屋之间仅隔有 3m 左右宽度的小路。现在的房屋格局，或独立成栋或组团形成院落，院落里往往有多户人家。而通过与村民的交流我们得知，在古时候，院落里都只有一户人家，家境殷实的人家往往坐拥大的院落和几栋围合的房屋。时过境迁，屋子里的人成家立业又分家，关系越来越疏远；加之房屋进行买卖交易之后，同住在一个院子里的人甚至已经没有了亲缘关系。

而在我们调研斗阁村的过程中发现了一栋保存非常完好的古民居——老木匠李春森家（图2）。可以看到，木雕窗作为护栏一字排列，而每个窗格花纹均不相同，雕刻的细致程度也令人叹服。但是据老木匠所说，他已经将这栋房子卖与邻近的一家人用于储存杂物，而自己即将搬往山下新建的房屋中居住。

如此坚固又美观的房屋最终只能堆放杂物，农民们搬进了新宅却废弃了旧宅，为了追求交通便利甚至将新建的房屋沿公路建设，完全破坏了古代传统"风水"的要求。这使得聚落整体形态结构随着社会的发展而发生剧烈的变化。

3. 转型出现问题的原因

当前村落和乡土建筑的现代化转型中所表现

图1 乡村建筑分布状况分析

图2 老木匠李春森家模型复原图

出来的许多问题我们应该客观看待，主要是对转型把握不力的必然结果，并非转型自身的矛盾，转型是势在必行的。而出现问题的主要原因为：

（1）乡村的转型呈现一种"突变"，是一种乡村直接向城市借鉴，不考虑地域环境、生产方式而盲从的一种体现，只是简单的移植与现代元素的堆积组合，因此看上去毫无章法，滑稽可笑。

（2）没有继承传统村落景观与乡土建筑中优秀的元素并加以创新运用，对传统元素的抛弃是一种悲哀。

四、探索全新的村落转型模式

1. 活态传承

活态传承，是指在非物质文化遗产生成发展的环境当中进行保护和传承，在人民群众生产生活过程当中进行传承与发展的传承方式，活态传承能达到非物质文化遗产保护的终极目的。其区别于以现代科技手段对非物质文化遗产进行"博物馆"式的保护，用文字、音像、视频的方式记录非物质文化遗产项目的方方面面的方式。

非物质文化遗产承载着祖辈千百年来的心血与成果。而如今的世界在不断的进步与发展中，新的科学技术与理念从传统中萌生，又积淀成为新的传统。我们今天对非物质文化遗产的保护，不是为了强行保存已经过时的风俗习惯或传统技艺，而是尊重我们的历史，尊重我们祖先的创造，尊重社会历史的自然发展规律，让这些非物质文化遗产活在当下，并从中寻找持续发展与创新的灵感与力量。

本文想要探究的即是那些非古村落的普通村落如何在历史的潮流中保留自己的文化价值，又如何在结合祖祖辈辈所流传下来的传统村落景观和乡土建筑中优秀的元素——空间形态、风俗习惯、材料技术、景观特性、对地域气候的态度等一些仍然可以部分直接继承的适宜元素，甚至是通过建筑师对于传统元素的理解融现代化的功能需求或是审美需求所创造出来的新的要素。

2. 传统村落需要改变的要素

（1）从空间格局看：缺乏明确的功能分区

以云南省临沧市斗阁村为例（图3），在这一片瓦屋顶下的房屋基本为居住房屋，缺乏公共交流空间。在中国传统环境里，欧洲建筑中常见的广场这一空间形态是很少出现的。虽然有时建成的区域可能会形成一个环形的格局，从而在其中心围出一片集中的开敞区域。但这个开敞区域并不是处理成广场或草坪等人们可以逗留的地方。通常，一个水池或湖泊占据了这个开敞区域的中心。这样，人真正可以进入的公共室外空间仍旧是线型的水边街道。总而言之，中国传统建筑中的公共室外空间始终没有比交通所需的面积再大多少。

而事实上，随着现代人生活方式的转变，他们对于大的活动空间的需求是与日俱增的。农村的妇人们可能不再愿意只是倚靠在门边同邻居拉拉家常，而是愿意和一群朋友去广场活动筋骨。因此，传统的功能布局形式已经不再具有优势了。

那么我们也许应该考虑在对村落进行改造时，有意识地拆除几栋房屋，留出空地供村民活动。将村落的规划进行较为明确的分区，公共区域与居住区域相对剥离，有助于高效地进行生产生活活动（图4）。

（2）从民居建筑看：无法满足当代生活需求

①形式。随着村民子孙的繁衍，家庭中人数的增加便要求房屋数量的增加，那么如何有效地加建房屋并且不破坏原有的村落风貌，是保护和更新村落中一个非常重要的话题。

全新的乡村建筑形式要基于村落的当地文化和地理情况而设计，保留最精华的空间形式或者建构做法，以创新的视角考虑"保护"的因素而不仅仅是建筑再现。举例来说，对于徽派建筑，徽派民居的特点主要有：以黛瓦、粉壁、马头墙为表型特征；以砖雕、木雕、石雕为装饰特色；以高宅、深井、大厅为居家特点。那么对于徽派建筑的保护与创新则势必要结合其传统的特色。例如保留黛瓦粉壁的传统材料，或者是用新的替代材料创造出相同的意境，等等。

②功能。传统村落的房间数量有限，功能较为单一，多数房间为居住功能。

图3　斗阁大寨航拍图

（3）从院落空间看：被农作物加工占据

传统的乡村建筑大多都有院落，居住生活的品质相较城市钢筋混凝土构造的商品房有相当大的优势，然而由于地域的限制以及村民无组织地进行农作物加工，院落的功能基本为晾晒稻谷或者成为加工农作物的场所，而使得院落的休憩功能在很大程度上受到限制。不愿意占据自家院落空间的村民则选择随处晒收农作物，影响村落的美观，甚至影响正常的交通。

因此，有组织的农作物加工分区是很有必要的。那么是否可以尝试将晒收活动及农产品的加工活动向垂直方向堆叠：一方面增加了土地的利用率，解放了各家各户的院落空间；另一方面，农作物置于高处进行晾晒，可以更好地接收阳光，而防止被房屋的阴影所遮挡。在形式上，可以结合古代"塔"的形式，建造一座专门用于农作物加工的、极具乡村特色的、名为"晒收塔"的建筑。

（4）从生产方式看：低效率且经济效益不容乐观

我国的耕地方式主要为农田耕种，需要大量的人力以及土地资源进行农作物的种植，效率较低，同时经济收效甚微，使得年轻的劳动力无法依靠农业致富，因此不得不外出务工，导致村落居住人口日益减少，且居住成分主要为老人和孩童。

五、理论与实践的结合

下面将以实际方案为例，探索以徽派建筑形式为载体的活态传承与革新改造。

1. 空间格局的生成

中国传统村落的形态大多呈现不规则的形态，而本例则集中凸显村落聚合的特色，将村落外围规划为圆形："外住内交"，即外圈为居住功能，而内圈为交流公共空间；"动静分区"，即外圈进行相对安静的活动，而内圈进行相对热闹的活动。

根据地势确立轴线，符合传统"因地制宜"的布局思想；同时，采用现代化的模数思维，将整个村庄范围用 3×3 的网格进行规划控制（图5）。

2. 功能分区明确

旧时村落大多只有居住和少部分狭窄的交通及活动空间，无法满足日益增长的现代化生活需求。因此，在传统功能的基础上适当加上一些现代化的功能，同时对原始的常规功能进行明确的分区，提供各功能使用的效率的同时，也给居民的生活带来便利（图6）。

图4　对村落进行改造规划，进行较为明确的分区

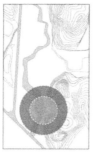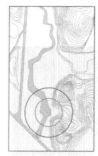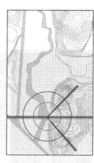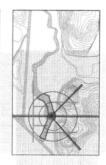

图 5　将村落外围规划为圆形

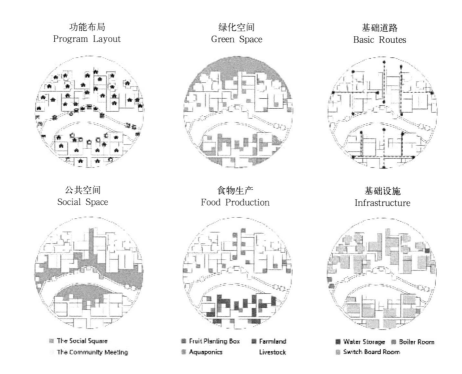

图 6　功能分区

本方案主要采用"以居住功能为主，公共交流空间为辅，嵌入种植空间"。

3. 建筑形式的传承与创新

首先考虑到居民不同需求设计四种典型户型，采用现代的科学理念，以模块化方式进行类型学的分析（图 7），借鉴传统三合院的空间形式进行空间布局，白墙饰面，用流动形态的帆代替传统的瓦屋顶（图 8）。这样一来，既保留了传统建筑的韵味，同时加上现代技术的创新与创意，便可以更好地服务于现代人。

在功能方面，置入卫生间、厨房、书房等传统民居中缺乏的空间，以达到"家居虽小，功能齐全"的目标。

4. 晒收空间的创新

以将晒收的活动垂直堆叠为目的，采用晒收塔的形式进行晒收活动的组织，节约了地面的活动空间，解放了院落的休闲功能；同时作为村落的标志建筑，可以围绕它展开一系列的生产、生活活动。

晒收塔的结构形式如图 9 所示，外观为古朴的木塔，但实际上利用了现代先进的建构技术，采用了现代支撑结构，即为了支撑晒收塔的悬挑结构，整体采用钢框架结构，在钢梁和钢柱外包裹木材，使得结构稳定，造型古朴大方。

住宅体量生成
The Generation of Residence

Three Members

2个6×6×6 生活&交通&种植 Livng&Traffic&Planting

Four Members

1个6³ +2×3.6³ +2×3×6 生活&交通&种植 Livng&Traffic&Planting

Six Members

5个6×6×6 生活&交通&种植 Livng&Traffic&Planting

Six Members

5个6×6×6 生活&交通&种植 Livng&Traffic&Planting

图7 以模块化方式进行类型学分析

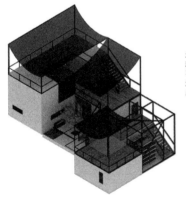

坡地合院一：此户型位于山坡住宅群入口位置和坡地较平坦位置，为平地合院住宅变体，一层半部架空适应较缓坡地，户型较大适合大家庭居住。

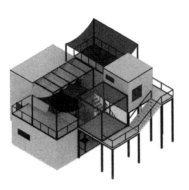

单体住宅：此户型位于村中各个部分，可以适应山地地形和平地地形，体量较小，适合单身人士和三口之家居住。

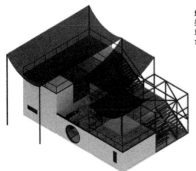

坡地合院二：此户型一层大半部分架空，楼梯环绕向上，主要位于坡地坡度较陡峭位置。户型相比其他合院较小，适合三口之家居住。

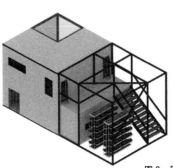

平地合院：此户型位于村前半段平地位置，为主要户型。院门分为方形和圆形两种，圆形门用于村边住宅用于框景，其余为方形门。内设庭院流水，适合大家庭居住。

图8 用流动形态的帆代替瓦屋顶

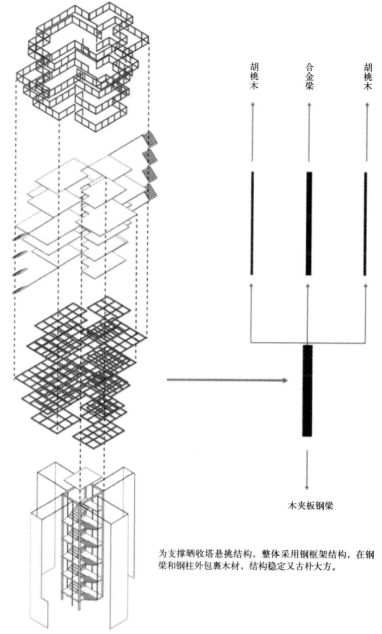

胡桃木　　合金梁　　胡桃木

木夹板钢梁

为支撑晒收塔悬挑结构，整体采用钢框架结构，在钢梁和钢柱外包裹木材，结构稳定又古朴大方。

图 9　晒收塔结构形式

借鉴现代"立体种植"的科学技术，在这个村落中采用四种不同的种植形式以满足不同的生活需求（图10）。

（1）屋前农田：采用"一户一农田"的理念，农田紧挨着房屋，一来便于村民耕种，二来也可作为村落的绿化景观。

（2）种植盒：采用"水培蔬果"的方式，将水平栽种蔬菜转换为垂直栽种的形式，解放了土地资源。

（3）鱼菜共生：一种新型的复合耕作体系，它把水产养殖与蔬菜生产这两种原本完全不同的农耕技术，通过巧妙的生态设计，达到科学的协同共生，从而实现养鱼不换水而无水质忧患，种菜不施肥而正常成长的生态共生效应。

（4）台阶种植：利用台阶的空隙种植蔬菜或者花卉，美化生活环境的同时，可满足居民日常生活的食用需求。

六、结语

保护传统村落，并非是被动地对抗岁月的磨蚀，其中也包含着对村落人文生命的挖掘和扬弃。遗产保护不仅仅是建筑重现、留下记忆，更多的是去探索一种新的发展模式。再多的

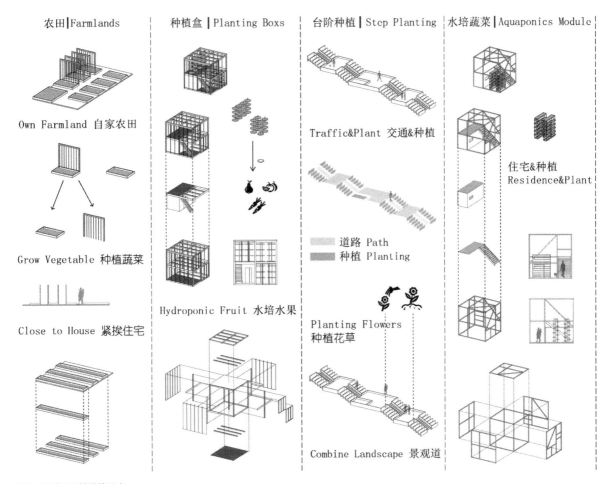

图10 四种不同的种植形式

明文规定不允许拆除历史建筑，也无法避免村民们为了追求更好生活而有意或无意地破坏原始的村落形态。只有在城乡发展和遗产保护之间建立一个平衡点，尽力去满足现代人的生活需求的同时将传统的元素保存下来，才能保证文化传承不会中断。相较于将某些建筑原封不动地保留下来，它们所代表的传统元素与文化精神也许更需要得到保护和传承。而结合传统元素与时俱进的发展，创造具有中国传统特色的建筑与规划，也许才是真正意义上的遗产保护。

参考文献：

[1] 王浩，唐晓岚，孙新旺，王婧．村落景观的特色与整合 [M]．北京：中国林业出版社，2008.

[2] 雷振东．整合与重构　关中乡村聚落转型研究 [M]．南京：东南大学出版社，2009.

[3] 中国文化报评论员．活态传承活在当下 [N]．中国文化报，2013–05–22

[4] 缪朴．中国传统建筑十三个特点 [J]．建筑师，1989 (12)．

[5] 王纪武．生态型村落规划理论与办法 [M]．杭州：浙江大学出版社，2011.

作者：何梦瑶,华中科技大学建筑与城市规划学院　建筑学13级本科生；陈焱木,华中科技大学建筑与城市规划学院　建筑学13级本科生

工业遗产的保护开发与循环再生性理念探索

——以四川齿轮厂旧址改造为例

刘梦瑶

The Exploration of Industrial Heritage Protection and Exploitation and the Cyclic Regeneration Concept:Taking the Reconstruction of Sichuan Gear Factory as an Example

■摘要：如今越来越多的废旧工厂被改造成艺术区、产业园，商业化气息越来越重，其本身所承载的城市记忆与工业精神被渐渐抹去。本文通过对国内具体工业遗产改造项目研究总结，针对四川齿轮厂原址，探索性实践"RE"（循环再生）设计概念。以期可以寻求国内文创园商业化气息过重的替代性开发方式。

■关键词：工业遗产开发保护　生态环境保护　景观规划设计

Abstract：Nowadays a growing number of abandoned factories have been transformed into art zones and industrial parks and are getting more and more commercialized. The unique city memory and industrial spirit they contain is fading away. Aiming at Sichuan Gear Factory, by studying and summarizing the specific industrial heritage transformation projects in China, this paper carried out an exploratory practice of RE (Cyclic Regeneration) design concept, so as to find the alternative development mode to avoid excessively commercialized development culture pioneering parks in China.

Key words：Industrial Heritage Protection and Exploitation；Ecological Environmental Protection；Landscape Planning and Design

　　随着城市发展的日益迅速，城市结构调整变化，大量的工厂破产或厂房迁出，尤其2000年之后，国内城市转型迅速，还未被拆迁的巨大厂区纷纷成了城市周边的"鬼城"，随着国外环境主义、生态恢复及城市更新的设计理念的引入，出现了一批废旧工厂改造为文创园、艺术区、公园的热潮，虽然确实起到了再利用的作用，但是对工业遗产的破坏却是不可修复的，同时，商业化的逐利对于成本的控制也导致了诸多环境保护问题。我国将"可持续发展"作为国家发展的重要战略，所以针对此类项目的改造在早期的设计规划过程中，就应当考虑项目地的可持续性和未来发展。本文希望通过对四川齿轮厂的实验性设计规划实例，探索工业主题生态公共艺术公园的设计方法。

1 综述：国内工业遗产开发现状

一直以来，我国对工业遗产保护并未如传统建筑保护那般重视，而且对工业遗产本身的理解也并不全面。近年来，国内艺术产业发展迅速，废旧厂区租金便宜，可利用空间灵活性较大，同时，随着城市道路网的完善，交通日益便捷，艺术家纷纷在由旧工厂改造的文创园、艺术区安家落户。工业遗产与记忆似乎也被渐渐抹去，商业化气息与市民空间在一个园区内的比重与结构问题越来越棘手。

工业遗产包括一切承载工业生产方式的历史文化的建、构筑物、设备和场地。对一个园区的保护开发，笔者认为不应对其分块分段区别对待，虽因地制宜，但更要站在宏观的角度上，应对整个厂区本身特点及文化进行分析和整体规划，应当考虑项目地的可持续性和未来发展，而不只以经济利益为导向进行破坏性改造。要让工业遗产这笔宝贵的人类物质文明和精神文明财富浸润到百姓的日常生活中去，作为城市记忆与相应功能的重组载体而存在。

2 四川齿轮厂实践性设计规划可行性分析

1）四川齿轮厂概况

四川齿轮厂建于1958年，是国家机械部大型重点企业。位于四川省成都市双流县文星镇文星正路，主要从事齿轮配件及汽车变速箱生产及技术研究，现已荒废。

（1）项目内部及周边情况分析

目前可探区域西园主要有5大块厂房可用：西园道路相对完整，原始规划痕迹尚存，虽废弃，但建筑状况良好，具有厂区特色与齿轮厂特点，均可通过修葺开发为工业特色齿轮厂纪念园区（图1）。

（2）交通状况分析

北临文星正街，西邻西航港大道（路况较好），东邻空港一路，交通便利。成都地铁10号线即将建成并投入使用（图2）。

2）需求分析

周围没有市民公园，虽有众多高校但并不对外开放，居民需要休闲场所。

有规划性公园生态绿地需要增加。

大面积工业遗产荒废，需要保护开发。

需要开发平民性工业主题生态公共艺术公园。

3）可行性分析

地处交通便利的居民区，占地面积较大且荒废，可满足市民活动需求及生态绿化需求。

承载着时代的记忆，拥有大量工业文化遗产，保护并利用起来既可以将工业时代的工匠精神传承下去，又为周围的中小学生提供了一个寓教于乐的场所。

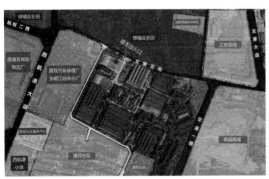

图1　项目内部及周边情况

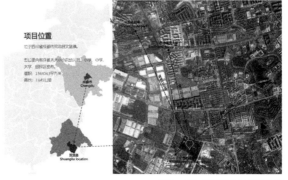

图2　项目位置及交通状况分析

● 造就区域名片。让四川齿轮厂被赋予新时代的使命作为大家共同的记忆和双流的名片而继续存在下去，不被历史的狂潮所掩埋。从可持续发展的角度来讲，对于未来文化旅行、教育产业也留出了探索性空间。

3 四川齿轮厂循环再生设计

1）"RE"循环再生性理念

园区总体规划需遵循我国环境保护法的相关内容，应注意保护和改善环境，推进生态文明建设。国家在公园设计规范中明确指出，应以创造优美绿色的环境为基本任务，根据公园类型确定主题。同时应该亲近大众，将工业遗产保护与居民的日常生活联系起来，创新开发方式，提高群众参与度。

项目地作为1958年创建的齿轮厂让笔者最先想到：循环联动、工业精神、大生产等关键词。结合这些关键词与前期分析，整理出的以编制依据等为指导思想的设计理念。

RE-："RE"再生手法是对科学发展观具体方法的探索，在字面意思上，它就是放在英语最前面表"重生"含义的前缀。在现实的层面上，因地制宜，结合人的诉求，创新其功能，赋予园区新的活力和存在必要才是遵循循环再生理念的方法论。另外，可实现它的具体手法是多层次的，如通过reduce（减量）、recovery（能源回收）、reuse（复用）、recall（回忆）等具体手法改造利用，对齿轮厂而言，名字和历史得以保留并衍生出了新的使命，这是循环再生；对土地而言，从废弃到利用，这是循环再生；其中水循环的设计也是循环再生，这才是re理念最终所希望达到的目标。

2）"RE"循环再生设计方案

在设计中，笔者通过对现场的具体分析，结合人们的诉求，使用"RE"具体办法对园区进行了规划设计（图3），以人行入口（图4）和传统记忆（图5）两个区域为重要节点，进行了相对全面的现场与改造后对比分析。笔者除了在功能上对其实行循环再生理念，在水资源处理上仍采取该理念，其具体原因为：齿轮厂本身的生产特点再加上周围有自来水厂等工厂，园区内土壤中二氧化硫、氯气等有害化学成分超标。水循环系统通过内部净化装置，希望达到改善园区内的土壤环境、促进园区用水良性发展的目的（表1）。

图3 四川齿轮厂循环再生设计方案

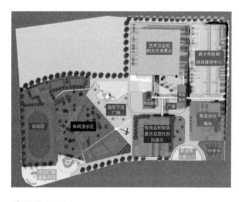

功能分区图

图4 入口广场设计

RE-PARK
入口广场

COLOR OPTIONS

改造规划

表1

原址	改造后	重要节点改造设计细节及原因
A.临卓越南城空地	行人入口广场	由分析得出,a口位于三岔路口地段,及其临近居民聚集区,在a处新增行人出入口可方便近距离居民
B-H 东园破败厂房区	居民休闲区	①东园更临近居民区,需增设居民休闲区。②原址建筑状况恶劣,但地形平坦,有利于改造为运动场所
I-M 中部破败矮房	商业区、净化池塘及滨水下沉广场	①中部地区衔接东西两园,为商业服务带来充足客源。②中部净化池塘为园内水循环系统蓄水池。③下沉广场便于居民集体休闲活动,且减小噪音
N-X 西园保存良好产区	齿轮记忆与科技传承	西园临近路况更优的西航港大道,因此将原入口改为车辆出入口。西园厂房状况良好且具有特色,改造分为传统齿轮制造展示、青少年机械科技体验中心、艺术与工业的艺术公共展场等模块

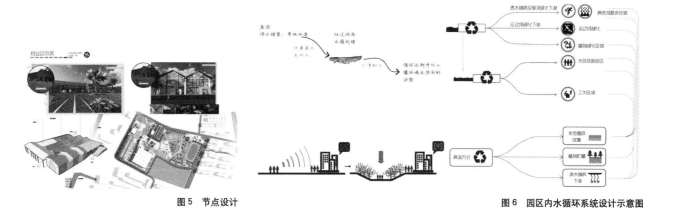

图5　节点设计

图6　园区内水循环系统设计示意图

园区内水循环系统(图6):通过屋顶绿化集水系统→屋顶雨水收集储水箱→灌溉植物、生态滞留区以及铺装下渗→蓄水净化池塘。池塘汇集雨水空间随季节变化,旱期为短期花园(或人工补水),丰水期屋顶绿化、生态滞留区透水铺装收集雨水汇集净化,成为蓄水池塘。

结语

随着生态环境保护与工业遗产保护开发意识的觉醒,"可持续发展观"在工业遗产保护开发理念中逐渐被人们重视,笔者通过对原四川齿轮厂进行了深入的包含水循环系统在内的环境设计规划,试图寻找一些相对合理的设计手段,从而为循环再生性理念提供具体的操作手法。经过本文的论证,工业遗产的循环再生设计是开创性的,满足了可持续发展战略和环境保护国策,也满足了市民的科教、娱乐、文化需求,并且对工业文化遗产的保护和开发起到了一定探索性作用,希望为其他工业遗产的设计改造提供新的思路。

参考文献:

[1] 刘伯英. 工业建筑遗产保护发展综述 [J]. 建筑学报,2012 (1):12-17.

[2] 俞孔坚. 足下的文化与野草之美－中山岐江公园设计论 [J]. 新建筑,2001.

[3] 王铁铭. 中国工业遗产研究现状评述 [J]. 城市建筑,2014.

[4] 邱训兵. 工业遗产再利用的"创生"设计 [J]. 华中建筑,2017 (3).

作者:刘梦瑶,四川大学艺术学院本科生

《中国建筑教育》专栏预告及征稿

《中国建筑教育》由全国高等学校建筑学学科专业指导委员会，全国高等学校建筑学专业教育评估委员会，中国建筑学会和中国建筑工业出版社联合主编，是教育部学位中心在 2012 年第三轮全国学科评估中发布的 20 本建筑类认证期刊（连续出版物）之一，主要针对建筑学、城市规划、风景园林、艺术设计等建筑相关学科及专业的教育问题进行探讨与交流。

《中国建筑教育》每期固定开辟"专题"栏目——每期设定核心话题，针对相关建筑学教学主题、有影响的学术活动、专指委组织的竞赛、社会性事件等制作组织专题性稿件，呈现新思想与新形式的教育与学习前沿课题。

近期，《中国建筑教育》主要专栏计划安排如下（出版先后顺序视实际情况调整）：

1. 专栏"建筑类学术论文的选题与写作"
2. 专栏"建筑／城规／风景园林历史与理论教学研究"
3. 专栏"城市设计教学研究"
4. 专栏"数字化建筑设计教学研究"
5. 专栏"乡村聚落改造与历史区域更新实践与教学研究"

《中国建筑教育》其他常设栏目有：建筑设计研究与教学、建筑构造与技术教学研究、联合教学、域外视野、众议、建筑教育笔记、书评、教学问答、名师素描、建筑作品、作业点评等。以上栏目长期欢迎投稿！

《中国建筑教育》来稿须知

1. 来稿务求主题明确，观点新颖，论据可靠，数据准确，语言精练、生动、可读性强，稿件字数一般在 3000–8000 字左右（特殊稿件可适当放宽），"众议"栏目文稿字数一般在 1500–2500 字左右（可适当放宽）。文稿请通过电子邮件（Word 文档附件）发送，请发送到电子信箱 2822667140@qq.com。

2. 所有文稿请附中、英文文题，中、英文摘要（中文摘要的字数控制在 200 字内，英文摘要的字符数控制在 600 字符以内）和关键词（8 个之内），并注明作者单位及职务、职称、地址、邮政编码、联系电话、电子信箱等（请务必填写可方便收到样刊的地址）；文末请附每位作者近照一张（黑白、彩色均可，以头像清晰为准，见刊后约一寸大小）。

3. 文章中要求图片清晰、色彩饱和，尺寸一般不小于 10cm×10cm；线条图一般以 A4 幅面为适宜，墨迹浓淡均匀；图片（表格）电子文件分辨率不小于 300dpi，并单独存放，以保证印刷效果；文章中量单位请按照国家标准采用，法定计量单位使用准确。如长度单位：毫米、厘米、米、公里等，应采用 mm、cm、m、km 等；面积单位：平方公里、公顷等应采用 km^2、hm^2 等表示。

4. 文稿参考文献著录项目按照 GB7714—87 要求格式编排顺序，即：

(1) 期刊：全部作者姓名．书名．文题．刊名．年，卷（期）：起止页

(2) 著（译）作：全部作者姓名．书名．全部译者姓名．出版城市：出版社，出版年．

(3) 凡引用的参考文献一律按照尾注的方式标注在文稿的正文之后。

5. 文稿中请将参考文献与注释加以区分，即：

(1) 参考文献是作者撰写文章时所参考的已公开发表的文献书目，在文章内无需加注上脚标，一律按照尾注的方式标注在文稿的正文之后，并用数字加方括号表示，如 [1]，[2]，[3]，…。

(2) 注释主要包括释义性注释和引文注释。释义性注释是对文章正文中某一特定内容的进一步解释或补充说明；引文注释包括各种引用文献的原文摘录，要详细注明节略原文；两种注释均需在文章内相应位置按照先后顺序加注上标标注如 [1]，[2]，[3]，…，注释内容一律按照尾注的方式标注在文稿的正文之后，并用数字加方括号表示，如 [1]，[2]，[3]，…，与文中相对应。

6. 文稿中所引用图片的来源一律按照尾注的方式标注在注释与参考文献之后。并用图 1，图 2，图 3…的形式按照先后顺序列出，与文中图片序号相对应。

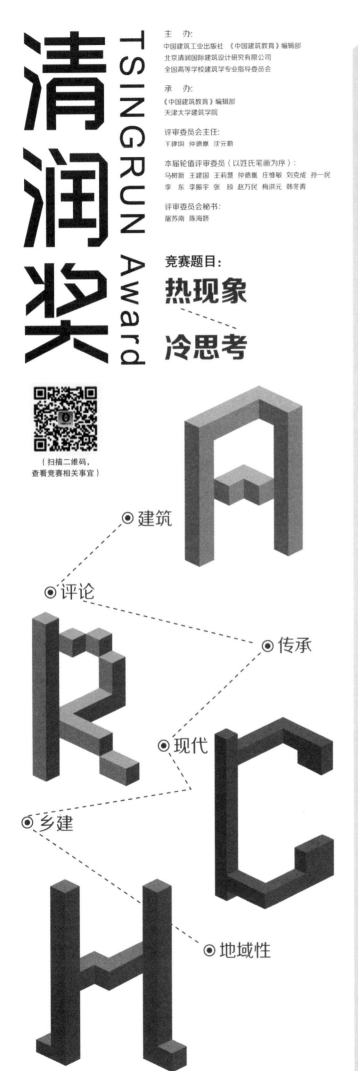

清润奖 TSINGRUN Award

主 办：
中国建筑工业出版社 《中国建筑教育》编辑部
北京清润国际建筑设计研究有限公司
全国高等学校建筑学专业指导委员会

承 办：
《中国建筑教育》编辑部
天津大学建筑学院

评审委员会主任：
王建国 仲德崑 沈元勤

本届轮值评审委员（以姓氏笔画为序）：
马树新 王建国 王莉慧 仲德崑 庄惟敏 刘克成 孙一民
李 东 李振宇 张 颀 赵万民 梅洪元 韩冬青

评审委员会秘书：
屠苏南 陈海娇

竞赛题目：
热现象
冷思考

（扫描二维码，
查看竞赛相关事宜）

◎建筑
◎评论
◎传承
◎现代
◎乡建
◎地域性

ARCH

中国建筑教育
2017
大学生论文竞赛
Students' Paper Competition

出 题 人：赵建波、张颀

竞赛题目：热现象·冷思考 <本、硕、博学生可选>

请根据以下提示文字自行拟定题目：

建筑、城市、环境，与生活息息相关，一些项目案例、事件活动、思想探索、新鲜话题、焦点问题，都会因受到广泛关注而放大成为全社会的"**热点现象**"，并被"**热议**"解读，这种现象在媒体时代并不鲜见。而基于深入调研的理性解读与专业研究，对于这些热点现象的专业矫正作用尤显可贵。本次竞赛要求学生针对近年来所呈现的某一热点现象或热门话题，在真实调研的基础上，提供专业维度的新思考，阐述具有独立见解与理性分析的研究成果，不作人云亦云，真正实践"独立之精神，自由之思想"。

请根据以上内容选定研究对象，深入解析，立言立论；论文题目可自行拟定。

奖 励：一等奖 2名（本科组1名、硕博组1名） 奖励证书＋壹万元人民币整
二等奖 6名（本科组3名、硕博组3名） 奖励证书＋伍仟元人民币整
三等奖 10名（本科组5名、硕博组5名） 奖励证书＋叁仟元人民币整
优秀奖 若干名 奖励证书
组织奖 3名（奖励组织工作突出的院校） 奖励证书

征稿方式：1. 学院选送：由各建筑院系组织在校本科、硕士、博士生参加竞赛，有博士点的院校需推选论文8份及以上，其他学校需推选4份及以上，于规定时间内提交至主办方，由主办方组织评选。
2. 学生自由投稿。

论文要求：1. 参选论文要求未以任何形式发表或者出版过；
2. 参选论文字数以5000～10000字左右为宜，本科生取下限，研究生取上限，可以适当增减，最长不宜超过12000字。
3. 论文全文引用率不超过10%。

提交内容：1. "论文正文"一份（word格式），需含完整文字与图片排版，详细格式见【竞赛章程】附录2；
2. "图片"文件夹一份，单独提取出每张图片的清晰原版（jpg格式）；
3. "作者信息"一份（txt格式），内容包括：论文名称、所在年级、学生姓名、指导教师、学校及院系全名；
4. "在校证明"一份（jpg格式），为证明作者在校身份的学生证复印件或院系盖章证明。

提交方式：1. 在《中国建筑教育》官网评审系统注册提交（http://archedu.cabp.com.cn/ch/index.aspx）（由学院统一选送的文章亦需学生个人在评审系统单独注册提交）；
2. 同时发送相应电子文件至信箱：2822667140@qq.com（邮件主题和附件名均为：参加论文竞赛-学校院系名-年级-学生姓名-论文题目-联系电话）；
3. 评审系统提交文件与电子邮件发送内容需保持一致。具体提交步骤请详见【竞赛章程】附录1。

联系方式：010-58337043 陈海娇；010-58337085 柳涛。

截止日期：2017年9月19日（以评审系统和电子邮件均送达成功为准，编辑部会统一发送确认邮件；为防止评审系统压力，提醒参赛者错开截止日期提交）。

参与资格：全国范围内（含港、澳、台地区）在校的建筑学、城市规划学、风景园林学以及其他相关专业背景的学生（包括本科、硕士和博士生），并欢迎境外院校学生积极参与。

评选办法：本次竞赛将通过预审、复审、终审、奖励四个阶段进行。

颁 奖：在今年的全国高等学校建筑学专业院长及系主任大会上进行，获奖者往返旅费及住宿费由获奖者所在院校负责（如为多人合作完成的，至少提供一位代表费用）。

发 表：获奖论文将择优刊发在《中国建筑教育》上，同时将两年为一辑由中国建筑工业出版社结集出版。

其 他：1. 本次竞赛不收取参赛者报名费等任何费用。
2. 本次大奖赛的参赛者必须为在校的大学本科生、硕士或博士生，如发现不符者，将取消其参赛资格；是否为"在校学生"，以当年度竞赛通知发布时间为准。
3. 参选论文不得一稿两投。
4. 论文全文不可涉及任何个人信息、指导老师信息、基金信息或者致谢等内容，论文如需备注基金项目，可在论文出版时另行补充。
5. 参选论文的著作权归作者本人，但参选论文的出版权归主办方所有，主办方保留一、二、三等奖的所有出版权，其他论文可修改后转投他刊。
6. 参选论文不得侵害他人的著作权，要求未以任何形式发表或者出版过，如有发现，一律取消参赛资格。
7. 论文获奖后，不接受增添、修改参与人。
8. 每篇参选文章的作者人数不得超过两人，指导老师人数不超过两人，凡作者或指导老师人数超过两人为不符合要求。
9. 具体的竞赛【评选章程】、论文格式要求及相关事宜：
关注《中国建筑教育》微信平台查看（微信订阅号：《中国建筑教育》）；
请通过《中国建筑教育》官网评审系统下载（http://archedu.cabp.com.cn/ch/index.aspx）；
请通过"专指委"的官方网页下载（http://www.abbs.cn/nsbae/）。